民机科技预研
及管理要略

Guide of Pre-Research and
Management for
Civil Aircraft Science and Technology

徐　敏◆著

上海交通大学出版社
SHANGHAI JIAO TONG UNIVERSITY PRESS

内容提要

    科技预研为新型装备在研制之前开展的科学研究和技术开发活动,是装备科研活动必不可少的前期部分。本书根据作者多年相关民机科技预研实施和预研管理的经验,分别对预研规划、指南编写、立项申请以及基础研究、应用研究和先期技术发展等进行了阐述。本书适用于从事有关装备科技发展和预研攻关的科研人员使用。从事其他技术创新的科研人员也可参考。

图书在版编目(CIP)数据

民机科技预研及管理要略/ 徐敏著. —上海:上
海交通大学出版社, 2018
ISBN 978 - 7 - 313 - 19726 - 9

Ⅰ. ①民… Ⅱ. ①徐… Ⅲ. ①民用飞机—科研管理
Ⅳ. ①V271

中国版本图书馆 CIP 数据核字 (2018) 第 153600 号

民机科技预研及管理要略

著　　者:徐　敏
出版发行:上海交通大学出版社　　　　　　地　　址:上海市番禺路 951 号
邮政编码:200030　　　　　　　　　　　　电　　话:021 - 64071208
出 版 人:谈　毅
印　　制:上海万卷印刷股份有限公司　　　经　　销:全国新华书店
开　　本:710 mm×1000 mm　1/16　　　　印　　张:10.5
字　　数:164 千字
版　　次:2018 年 7 月第 1 版　　　　　　印　　次:2018 年 7 月第 1 次印刷
书　　号:ISBN 978 - 7 - 313 - 19726 - 9/ V
定　　价:89.00 元

自　序

2017年5月11日,上海飞机设计研究院OA内网上发布了聘任我为院科学技术委员会副主任(免去其他职务)的红头文件,我意识到,我又将在新的岗位上开启新的征程了。此时此刻,我想到了院党委刘丹书记曾在对我任前谈话时鼓励的一句话:你到新岗位后还可以抽空将你所做的工作写写书之类的东西。院领导的话启发了我,是的,我为何不利用时间将我从事多年的有关航空科技预先研究的工作经验总结成一本书呢,这多少能为其他对民机科技预研感兴趣的同志提供一点参考和借鉴。

我从1982年开始在中国直升机设计研究所工作,2008年调到上海飞机设计研究(所)院,将近36年没离开过航空工业。除了从事有关航空型号的设计研发工作之外,还有一项重要的工作就是进行了航空科技方面的预先研究工作,而且此方面的工作成了我的主要事业,占据了我的大部分工作时间。也巧,这前后于两个单位、两段时间从事的预先研究工作也基本上涵盖两方面性质的工作内容:在中国直升机设计研究所工作期间,基本上从事的是直升机预先研究的具体技术工作,作为技术人员时,从事的是本人或课题组完全能胜任的单项科技预先研究,担任行政副总师时,从事的就是预先研究总师职责的工作,主抓了全所有关直升机大型预先研究项目的技术工作;在调到上海飞机设计研究(所)院之后,主要在科技质量部管理岗位上从事民用飞机科技预先研究的管理工作,包括组织与参与了上海飞机设计研究(所)院、中国商飞公司、工信部等机关部委的科技规划编写,参与组织了项目指南的编制,组织了民机专项预先研究项目的立项申请、实施(包括计划、检查、招标、合同谈判、科技信息上报)和验收等一系列工作。可以说,这两方面的工作实践丰富了我的知识与经验以及对航空科技预先研究的感悟。

近几年,社会上似乎出现了技术的"井喷"势头,如大数据、云计算、互联网、人工智能、3D打印等。于是世人惊呼中国又有了"新四大发明":移动支付、电子商务、共享单车和高速列车,并对其津津乐道。社会上的技术"井喷"现象反衬着航空方面技术发展似乎在沉寂,无怪乎个别"名人"对此还提出疑问。而另一方面,又有一些脑洞大开的人士在各种媒介上展示了各式各样的航空飞行器,如汽车飞机、无人飞行器等,有的甚至已经成为现实,这似乎又显得航空产品好像很容易实现,这些现象都反映出人们对未来航空产品的美好愿望。纵观所展示的航空器,无论现实的,还是虚拟、概念的,大多集中在小型通用航空器方面,这从某种意义讲又多为普通民众仅限于一般航空认识层面的表达。无论世人怎样理解航空产品的发展,觉得它的发展是"快"和"易"也行,或是"慢"和"难"也罢,航空产品的研制,其背后都有着客观的发展规律性,它的科技发展都必然要经历严酷的发展历程,特别针对系统众多而且繁杂的大型民机产品而言。正因如此,业内人士才会称民机为高技术的战略性产品。我也有责任利用编写此书的机会尽力将民机科研工作中有关预先研究的发展规律及其内涵阐述清楚。

这3年来,中国商飞公司正在开展以"武装第二块屏幕"为主旨的知识管理工作,力争将企业所拥有的知识作为企业创造竞争的优势和持续竞争的优势。我借此"东风",完成了这本有关民用飞机科技预先研究和管理要略的编写。我个人认为,只要此要略能为感兴趣的专业人士或非专业人士提供一些参考和借鉴,就算是本人做了点微薄的"知识"贡献了。

徐　敏

2017 年 12 月 25 日

前　言

　　根据近些年的经济发展分析预测,2030年之前中国经济总量将超过20万亿美元的规模,中国航空运输市场将成为世界最大的单一国家市场,中国进而成为世界第一的航空运输大国。为复兴中国航空产业这一宏伟历史使命,中国商飞公司正努力在民用飞机(以下简称"民机")制造领域为世界奉献一个"C",形成与美国波音(B)、欧洲空客(A)三足鼎立于世界民机干线飞机产业的大格局。另外,为实现开创民用航空科技自主创新的新纪元,中国航空业采取的又一重大科技举措是:重视民机基础研究,关注民机前沿技术特别针对有可能带来颠覆性影响技术的发展,做到及时、准确识别与获取这些民机技术并予以"吃透",攻克技术难关,成熟关键技术水平,最终将最新科技成果应用于民用航空,使民机产业走向健康的创新发展之路。

　　根据权威专家的分析预测,为使民机产品满足更安全、更环保、更舒适、更快捷、更经济和更智能的要求,未来民机产品将向着结构整体化、材料轻量化、系统多电化和飞控智能化的方向发展。在总体布局方面,大型民机将发展翼身融合、双泡构型等布局;气动布局方面,将发展层流减阻和肋条减阻等技术;驾驶舱将发展全沉浸式一体化智能交互技术,综合利用多种人工智能(AI)手段,极大地降低飞行风险和驾驶员的负担;系统方面将采用分布式云计算航电架构、全电系统、光传飞控、电起落架等技术;在新能源技术方面将发展燃料电池、生物燃料、太阳能和核能等技术以及相应蓄能技术。总而言之,未来的民机产品将由未来先进的民机技术所支撑,民机产品的创新从某种意义讲就是由技术的创新和进步所决定。古典经济学家亚当·斯密就曾指出:技术的创新和进步是除资本、劳动力之外又一促进经济增长的重要因素。民机产业的商业成功及经济增长更是如此。

为实现突破民机技术瓶颈,攻克技术难关,构建完整的民机技术体系之目的,对于高技术且具有战略意义的民机产品而言,前期的民机科技预先研究(以下简称"预研")从立项申请到最后研究结束验收的全过程一般都需经历如下六个步骤:① 民机科技战略研究,即民机科技预研规划的编制;② 民机专项预研项目指南的编写;③ 民机专项预研申请,即民机科技研究建议书的编写;④ 民机专项预研实施方案制定,即民机科技研究任务书的编写;⑤ 民机科技预研项目的实施;⑥ 民机科技预研项目的验收。为此,本书根据作者多年从事相关民机科技预研和预研管理的经验按上述步骤分章节地专门予以介绍,特别针对民机科技预研项目的实施,还从基础研究、应用研究以及先期技术发展分别进行了阐述。

在书写此要略的每个章节时,有些词汇的定义会及时给出,但每个章节并没有过多地探讨相关的理论知识,而只是从实用的角度直接告诉读者怎么做以及注意的事项(相关的理论知识可从相关的参考文献中查到)。当然,为了对枯燥的介绍能有更深刻的理解,在每个章节之中,还尽可能地用早期合适的且经过处理的实例进行示范和简析,以对将要从事科技预研活动的工作者起到一定的参考和借鉴作用,尽可能地方便于将要从事民机科技预研的同行:① 了解怎样从国家发展未来民机大格局的角度按照"一抓主动权、二抓方向"的思路开展民机战略研究即预研规划的编制;② 了解怎样以专家的视野,以"在认识的过程中战术决定战略,在实践的过程中战略决定战术"的思路制定民机专项预研的项目指南;③ 了解怎样以"人类解决问题的需要,才是推动人们重新结合现有技术,进而促进新一代技术出现的动力"这一技术问题导向开展民机专项预研申请即技术研究建议书的编写;④ 了解怎样按照清晰的技术思路开展民机专项预研实施方案即技术研究任务书的编写;⑤ 了解怎样分别从基础研究、应用研究和先期技术发展这三类预研的层次进行民机预研实施;⑥ 了解怎样完成民机预研活动以及实现最终的预研目标,并经第三方咨询专家组给出合理的验收评价。另外,从所举的早期实例中还可窥见当时相关航空产品科技预研活动的实际情况,从而了解、获取更多的相关航空科技研究信息和知识。

在此要略的编写过程中,上海飞机设计研究院原预研主管副院长、现任院长沈波曾提出了具体指导建议,另外还有同事提供了早期曾用过的案例作为实例予以示范,在此向各位领导的指导和关心以及同事的帮助表示衷心的感谢。

目　录

1 概　述

"感觉到的东西，我们并不能很好地理解它；只有深刻理解的东西，才能更好地去感觉它。"

——毛泽东《毛泽东选集》

民机一般定义为民用运输类的航空产品。航空业内普遍认为民机是高技术产品，而发展其产品的产业统称为高技术产业。如果将航空产业比作现代工业的"皇冠"，那么民机可以说是"皇冠"上最大、最璀璨的那颗"明珠"。

得出上述评价自有众多原因，其原因之一为民机对于交通领域而言具有广泛的市场前景，这包括对民用航空运输业、旅游业、物流业等产生诱导作用的"前向效应"，也包括对机械、仪表、电子、材料、冶金化工等上游产业发展起带动作用的"回顾效应"，以及对国民经济各部门资源改善配置效率起推动作用的"旁侧效应"[1]（见图 1.1）。其原因之二为民机与一般其他航空产品相比有着更为特殊的不同之处：民机由于需承载的乘客数量众多决定了其外形尺寸一般都大于其他航空产品，不可拆零部件数量多达 10^7 数量级（远非一般航空产品的 10^6 数量级，或轿车的 10^5 数

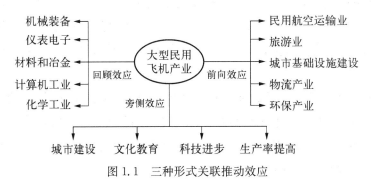

图 1.1　三种形式关联推动效应

量级可比),具有的结构等零部件尺寸也大,系统众多且繁杂;另外,民机相对其他航空产品还有更加特殊的要求,那就是安全性要求,这远非其他航空产品能相比(民机要求出现机毁人亡事故的概率必须低于 10^{-6}),其他交通工具更是无法可比(目前不同交通工具的死亡率统计为:飞机为0.4 次/亿客英里;火车为 0.6 次/亿客英里;汽车为 41 次/亿车英里;轮船为 6.9 次/10 万船);除此之外,为了使民机更经济、更环保、更舒适,以便使民机这种特殊航空产品能投入市场并取得商业成功,其反映的相应技术要求与其他航空产品也不尽相同。总之,无论从民机有形的数量和尺寸讲,还是从无形的技术要求讲,最终都反映在民机本质所需的技术体系要素众多,单项技术和综合技术异常复杂,另外还需特别包括尤为重要的适航安全性技术。更有甚者,对于新概念、新原理的未来民机设想,还存在着突破人们想象空间的颠覆性技术。这些充分说明,在民机产品研制之前,首先必须突破相应的技术瓶颈,攻克相应的技术难关,以使关键技术水平充分成熟并真正得以掌握。

根据近些年的经济发展分析预测,中国 2030 年之前将成为世界第一经济体,经济总量将超过 20 万亿美元的规模。到那时中国经过多年航空产业强国的建设,航空工业产值将会位于英、法、德等第二梯队国家的前列,航空运输市场将成为世界最大单一国家市场,进而成为世界第一航空运输大国。为实现这一宏伟航空产业发展新的历史使命,中国航空界的任务之一就是由中国商飞公司牵头力争改变民用航空器研制生产的世界格局,在民机研制领域,为世界奉献一个 C,成为 A+B+C 稳定的世界格局;另一重要任务就是要开创航空科技自主创新的新纪元。为实现此目的,中国航空界已形成共识,中国航空报于 2016 年 9 月 24 日发表的张聚恩署名文章《关于我国航空产业发展的战略思考》就指出:只有重视基础研究,关注前沿技术领域,特别是有可能带来颠覆性影响的技术发展,并且做到及时、准确识别与获取这些技术,将它们的最新成果用于航空工业,我们才可能走创新发展的道路[2]。

为重视并开展基础和前沿技术研究,突破民机技术瓶颈,攻克民机技术难关,以使关键技术水平成熟,实现民机的技术创新,构建完整的民机技术体系,顺利实现将技术应用于民机型号研制的目的,一项必需的举措就是开展民机科技预研。

根据中华人民共和国航空法三级框架的划分(见图1.2),第三级的中国民用航空规章所包括的CCAR-21部民机相关这一航空产品的装备制造,主要体现在设计集成、工程制造、试验试飞、客服支援这四大范畴,相应的科技活动主要涉及经济性、安全性、舒适性和环保性等四大科技领域。综观包括民机这类系统众多且技术复杂的高技术装备的科研流程,最终目的是为工程制造和应用维护的、一个成熟而且经过几十年国内外经验证明了的、完全正确的全寿命科研活动链主要划分为六大类[3]:① 基础研究;② 应用研究(探索性发展,还可分为:A 应用基础研究,B 应用研究);③ 先期技术发展(还可分为:A 先期技术发展,B 先期系统发展);④ 工程制造发展;⑤ 管理保障;⑥ 使用系统发展。其中第①类、第②类、第③A 类活动统归于科技预研范畴,第③B 类之后的活动统归于装备产品研制和应用维护范畴(见图1.3)。特别值得一提的是,对于民机产品而言,为在研制过程中能顺利、快速地向适航当局表明民机产品适航的符合性,所需的相关技术也应通过科技预研或应用研究或先期技术发展等相应攻关证明其技术水平的成熟性。

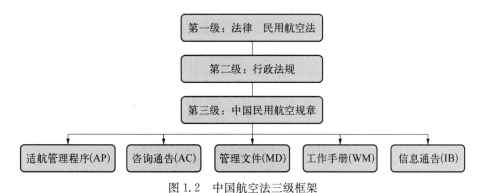

图1.2 中国航空法三级框架

高技术装备的科技预研严格定义为新型装备在研制之前开展的科学研究和技术开发活动,是装备科研活动必不可少的前期部分。其目的就是通过每个步骤的科技预研活动,逐步实现技术水平的成熟。一旦技术水平成熟达到可应用的程度,即可正式转入民机产品的型号研制阶段。具体而言,对于民机这类高技术装备的科技预研活动,围绕设计集成、工程制造、试验试飞、客服支援这四大范畴,所涉及的经济性、安全性、舒适性和环保性等四大相关科技领域,从① 基础研究、② 应用研究(探索性发展)(A 应用基础研究,B 应用研究)到③ A 先期技术发展这三类活动必不

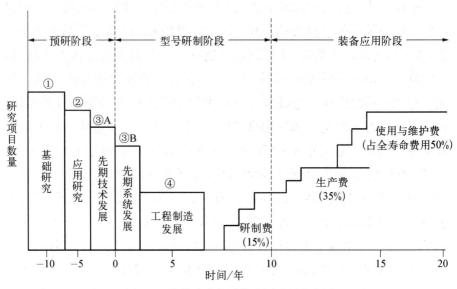

图 1.3　高技术装备系统发展过程示意图

可少,而且必须严格一步接一步,不可错位或省步骤跳跃式地发展。其中的重要性和意义可归结为如下三点:

（1）首先从科技预研的特点讲,只有通过预研之后方能以技术质量的保证踏进民机产品研制的门槛。科技预研严格定义为三类,其内涵的性质为:① 基础研究。这类研究工作主要是认识基本物理机理和性质,扩大知识范围,为新原理、新概念和新方法等在日后应用寻求科学依据。这类研究工作一般为远期（10 年左右）项目,不要求直接解决当前和近期特定应用问题,其主旨是解决科学问题,奠定理论基础。② 应用研究（探索性发展）（A 应用基础研究,B 应用研究）。这类研究工作大多为中期（5 年左右）项目,带有明确解决问题的目标,但研究对象一般不涉及特定系统,通用性较强,其主旨是解决技术问题,奠定技术基础。③ 先期技术发展（A 先期技术发展）。这类研究工作主要是开发供试验用的新技术项目（多为部件或分系统）,并通过实物试验或演示,验证新技术项目在装备研制中的可行性和经济性,这类研究一般属近期项目或可能具有型号研制背景的项目,但尚未进入正式研制阶段,是从"技术基础"通向型号研制的桥梁。先期技术演示是先期技术发展的核心任务,其主旨是验证预研成果的成熟性和实用性,以确保向型号制造商输送成熟的技术。

通过上述三类科技预研工作的特点分析得知,民机这种高技术装备只有按此三类工作先后次序开展预研,才可进行民机技术的原理性探索和原创性研究,以达到理解科学原理并掌握理论方法的目的,才可进行通用性技术研究,并得到实验室的实验验证;才可经过背景项目的试验或演示验证以充分验证技术的可行性和经济性。这三类工作是形成民机核心技术的重要举措。只有经过此三类预研工作,民机的技术成熟度水平(TRL)才可由两三级逐渐分步提升到七级,以至技术质量得到保证,方能踏进民机产品研制的门槛;才可使没得到充分验证的技术在民机产品的研制中避免出现,以降低产品研制的风险(多年的航空产品研制经验早已证明,如有不成熟的技术量超过15%,型号工程发展和研制必定会出现颠覆性技术反复,导致进度推迟的巨大风险)。

(2) 其次从民机产品研制取证的时间要求讲,只有通过预研之后,才不会影响民机产品的取证时间并确保民机产品取证的技术水平。民机产品的研制,一般适航审定基础的有效期为5年左右,只有在碰到特殊情况下方可再申请延迟2～3年,否则,审定基础的时间过长会直接影响民机产品的安全等技术水平,甚至与此时适航规章要求的先进技术水平相差一代,最终影响民机产品的市场销售。因此,只有先通过民机科技预研克服技术瓶颈,掌握成熟的民机研发制造技术,才能在民机产品型号工程发展和研制过程中,从提交申请开始能快速高效地在有限的5年左右时间内取得型号合格证(TC证)。

(3) 最后从政策法规讲,只有通过预研之后,方可确保民机产品研制更加符合加入WTO要求遵循的《民用航空贸易协定》。由美国和欧盟共同达成的《民用航空贸易协定》,规定了全世界加入WTO的国家和地区对民机研制费用的补贴只能限制在33%以下,生产的间接补贴限制在5%以下。我国早已正式加入了WTO,为了减少民机产品研制的政府补贴以避免其他国家进行民机产品研制的反补贴申诉和指控,必然要将公共技术范畴的基础技术、应用技术,甚至有些关键技术都纳入科技预研范畴,而不纳入民机产品型号研制的范畴,这就从另一角度也充分说明了民机科技预研在整个民机科研环节中是不可缺少而且非常重要的。

参考文献

［1］ 史东辉.大型民用飞机产业的全球市场结构与竞争［M］.武汉：湖北教育出版社，
2008：47-48.

［2］ 张聚恩.关于我国航空产业发展的战略思考［N］.中国航空报,2016-9-24.

［3］ 张连超.美军高技术项目的管理［M］.北京：国防工业出版社,2001：131-133.

2 民机科技预研规划编写

> "抓战略主要抓两点：一抓主动权，二抓方向。"
>
> ——毛泽东《毛泽东选集》

规划，定义为比较长远的发展计划。凡涉及国家与地方战略性发展、大中型企业重大建设等有关国家政治、企事业单位经济命脉之项目，发展和建设之前必做规划，这关乎其战略定位和发展方向。作为影响国家重大专项之民机有关未来技术发展方向的民机科技预研规划，从某种意义讲，可统归于民机战略研究，具体落实到长期科技预研活动的长期谋划。《孙子兵法·计篇》中写道："夫未战而庙算胜者，得算多也；未战而庙算不胜者，得算少也。"因此，民机科研发展规划的前部分——民机科技预研规划的到位与否，直接影响民机科技攻关项目的准确性和时间节拍的合拍性，即未来的民机产品发展在合适的时间能否用到合适的技术。

开展战略研究并进行规划编写，针对的对象可多种多样，当然，一般应是特别关注的、且能起核心带动作用的对象，如复材结构技术、3D打印技术、全电技术等民机专项技术。本章是专门针对整个民机科技预研而谈，因此，民机科技预研规划是否做得好，涵盖的科技是否全面，能否在相当长的时间内起指导民机科技发展的作用，有两点必须特别关注：一是关乎本国发展的未来民机的定位是否准确；二是针对未来发展的民机产品所需的重点科技领域和专项的梳理是否全面和清晰，关键项目是否突出。

在编写的民机科技预研规划中，一般应包括下述主要章节：① 民机发展现状及未来发展趋势（含未来民机发展的图像描述）；② 民机科技预研的目的和目标；③ 民机科技预研重点发展的领域和专项。同时，为确保民机科技预研目的和目标制定的准确性和合理性，以及实现目标的可达性和规划制定的完整性，还会提出民机科技预研的指导方针、发展思路以及保障措施等。

在开展民机战略研究并进行科技预研规划编写时，都会经历几上几下的互动过程。首先进行战略研究，一般由行业技术委员会专家、专业总师和型号总师等技术专家分别牵头、组织开展未来民机发展的讨论和研究，包括更长远的民机发展的畅想等，如中国商飞公司未来民机产品及技术发展研讨会（如下文实例1）；其次，根据战略研究的结果，一方面从顶层提出未来民机型号需求以及相关的产业市场需求，另一方面根据民机技术的发展历史和现状，把握民机的技术脉络，提出民机技术发展趋势，即从底层进行技术推动；再次，根据顶层的民机型号需求牵引和底层的民机技术推动，上下联动，最终编制出满足未来民机市场需求的民机科技预研规划。

需要说明的是，为使编制的民机科技预研规划发挥实际作用，并能真正指导未来民机的科技发展，应最大限度地使本单位的民机科技预研规划体现在上级主管机关层面的民机科研规划之中，上级主管机关层面的民机科研规划也应最大限度地体现在国家层面的民机科研规划之中，最终体现的是反映国家意志的民机科研规划。

以下三节内容基本可组成完整的民机科技预研规划（其他规划稿的内容也大同小异）。民机科技预研规划编制是否成功，有一衡量标准，那就是看它是否真正指导了后续的民机科技预研活动得以开展，规划中梳理的民机科技预研项目，特别是重点领域和专项预研是否大部分都得以执行，这就是人们常说的规划是否接了地气，否则就成了人们调侃的批评：规划→鬼话，墙上挂挂。

当然，民机科技预研规划在指导民机科技预研执行的过程中，随着世界民机技术环境的变化也可随时稍作调整，但不宜调整过大，其预研目标和重点研究领域应基本不变，否则，可认为民机科技预研规划编制失败。

2.1　民机发展现状及未来发展趋势

阐述、了解甚至分析研究民机发展现状及未来发展趋势，其目的就是要对国内外的民机产品、技术发展和应用的过去、现在和将来要有一定的掌握，做到心中有数，可谓"知己知彼"。具体讲，一方面需通过对国际上历史和现在的典型民机产品进行分析和研究，分析出未来市场上所需和畅销的民机产品，包括未来10年后的产品，20年以后的产品，甚至还可畅想更远时期的产品;另一方面,通过对民机产品所对应技术特点的分析和研究,找出相应技术发展更迭的脉络,甚至归结出国际上未来民机产品所含的先进一代技术的特点。当然,对我国的民机产品和技术发展也需做分析和研究,其目的就是通过熟知并分析我国已经存在的民机产品和产业的现状,预测未来发展的民机产品并分析其对国民经济产生的重要意义,更主要的是找出目前我国已经存在的民机产品与国际先进民机产品的技术水平差距,为我国后续的民机技术发展明确方向。

由于本章立意的是民机科技预研规划,主要针对的是整个民机的科技发展,因此,对民机产品和产业的分析及研究不作为重点,只起引导作用。主要的精力和笔墨应花在科技分析和研究上,做到科技分析入木三分,技术识别墨透纸背。这就要求在包罗万象的民机科技当中,善于分析、提炼和总结出过去民机所含的科技特点,把握并梳理出未来民机技术的发展脉络,并相对准确地预测未来的民机技术发展特点和方向。

实例
实例1: 新中国成立百年之民机畅想[1]
[示范]

2050年时,中华人民共和国已成立一百年,早已从贫穷落后的国家发展成为一个发达的国家,国民生产总值已超过美国,成为全球第一。人口已增长达到20多亿,国家的版图已由众多高楼林立的城市所组成(见图2.1),社会已经迈入城市工业化时代。

图2.1 未来城市概貌

畅想2050年时的人员和货物运输,已经完全成为一件高效而且容易实现之事。货物运输,随着互联网+、物联网以及3D打印技术的发展,随时随地都可取得自己的货物;人员运输,方案之一是可利用"地下真空管道列车"(见图2.2)的方式能极方便快速地将人们运到世界各地。以上的货物及人员运输方式在这不作赘述。

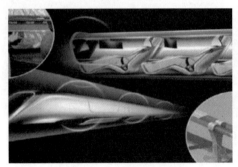

图 2.2　真空管道高速列车　　　　　　　图 2.3　飞翼布局飞机

美国国家航空航天局(NASA)曾经认为,对于民机运输而言,机翼/机身融合体飞翼布局(见图 2.3)是唯一能满足 21 世纪 20 年代运载能力、使用效率,特别是苛刻的环保指标要求的解决途径。此时的中国航空界也已进入研制远程宽体客机,达到国际上第五代民机技术水平的时代。但到 2050 年时,民机运输模式、民机载体与现今相比可以想象又将有着

图 2.4　无人直升机示意图

根本性的不同概念。由于那时可提供用作机场的地面面积大量减少,而且随着对民机噪声、排污环境的更加苛刻的要求[例如欧盟"航迹 2050"(Flight Path 2050)计划的目标是以 2000 年的水平为基点,在 2050 年前实现将二氧化碳排放量降低 75%,氮氧化物排放量降低 90%,噪声降低 65%],机场已不可能再随性地建在地面上,而只能建在两三千米高楼上的高空平台。人们的旅行已实现了"脚不着地"这一新概念模式,从自己家到高空平台机场,可乘坐无人驾驶的专用直升机的士(见图 2.4),在高空平台机场上可乘坐具有陡峭起降(stol)技术的民机进行起飞并可滑翔降落(见图 2.5)。

人们根据自己的意愿可乘坐不同的机型去世界各地甚至地球之外旅行,大量的高科技在民用飞机上得到充分展现。如需赶时间,可乘坐超声速民机(见图 2.6),甚至是乘坐临近空间的 Ma 数大于 5 的高超声速民机进行旅行。当然,那时的声爆问题早已由等离子流、自然层流翼型等降噪技术加以解决。如需进行休闲旅行,人们可乘坐有情景变化式玻璃天花

图 2.5　陡峭起降机场示意图

图 2.6　高超声速民机示意图　　　图 2.7　"空中邮机"示意图

板的超大空间的"空中邮机"(见图 2.7)非常平稳、安静而且惬意地航行。那时的民机结构不再仅仅是由复合材料组成,而是已由纳米材料等轻质材料组成,机翼采用仿生的扑翼智能化而自由飞行,座舱为模块化的"水晶座舱"设计,座椅等休闲设施可根据人们交流等各种需求安排变化。

2050 年时的民机已由机器人驾驶,将人类驾驶员从长时间的疲劳驾驶中解放出来。当然,一旦遇到紧急状况,人类驾驶员还是能够从机器人手中接管过来,但此时的人类驾驶员早已不是停留在眼看显示屏、手握驾驶杆、脚踩脚蹬的状态,而是采取脑机信息交互的新的控制概念来驾驶飞机。

2050 年的化石燃料已经枯竭,民机的能源早已另辟蹊径。化石燃料已被生物燃料、燃料电池、太阳能以及分布式混合电推进等动力系统代替,甚至还可能被核动力代替,而且此时的核动力稳定性控制技术早已过关,且在各行各业早就投入使用。当然,由于动力来源的不同,民机的发动机也各不相同,并在技术上早已成熟。

以上就是有关新中国成立百年时的民机畅想,随着时代的进步,民机关键技术经过航空界专家的努力一定能够突破,2050年的民机航空运输模式将会与今天大不相同!

[简析]

(1)此文是专门为"中国商飞未来民机产品及技术发展研讨会"而写,并在大会上发言,针对的是30年之后、中华人民共和国成立百年之际的民机产品和相应技术发展的畅想。为此,该文应不同于规划制定,而是更早于科技规划所写,所体现的作者意识就不应受现有技术和思维的禁锢,需脑洞大开,勇于畅想。畅想和预测未来的旅行方式、新概念民机产品以及新概念民机技术等,这或许对未来的民机技术发展有一定的参考作用。

(2)此文早在2015年发表,2016年底就报道无人驾驶民用直升机已出产品,相信很快就可投入运营。这从一个侧面证明了此文所预测的无人驾驶直升机产品以及相应运行方式的可行性。

实例2:中远程宽体民用飞机的发展现状及未来发展趋势[2]

[示范]

1)国外宽体民用飞机的发展现状和趋势

发展中远程宽体民用飞机,对快速运输大量乘客到不同的目的地、避免机场拥挤有着非常重要的意义。为此,国外先进航空公司在发展小型中短程窄体民用飞机的同时,随着航空技术的发展,还不遗余力地发展大型中远程的宽体民用飞机。例如,美国波音和欧洲空客两大公司为了抢占国际民用航空市场,从20世纪60年代就开始研制宽体民机,如美国波音公司的300以上座级的B747(1966年开始研制)和欧洲空客200～300座级的A300(1969年开始研制),其中空客的A330/A340(1987年开始研制)、A380(2000年底项目正式启动,见图2.8)以及波音的B767(1978年开始研制)、B747以及B777为宽体和巨型民用飞机的典型机型。而且美国波音公司的B777、B737NG,

图2.8　巨型民机A380

欧洲空客公司的 A330/A340、A380，俄罗斯的图-204 以及伊尔-96 被认为是第四代民用飞机。

进入 21 世纪，以波音公司 B787 和空客公司 A350 的宽体民用飞机为代表的第五代干线飞机将陆续出现在世人面前。这一代民机非常强调客舱的舒适性，在气动设计上采用先进的计算流体力学设计，融合式翼梢小翼的三维一体化机翼提高了飞机的空气动力性能和巡航效率；在动力装置上采用推力大、耗油率低、环保的涵道比为 9～11 的先进高涵道比涡扇发动机，燃油消耗比同类型现役飞机低 20% 以上；最显著的技术特点是在机体结构上大量采用复合材料，B787 和 A350（见图 2.9）飞机的复合材料用量分别占飞机总结构重量的 50% 和 52%，远高于以前大型干线飞机的用量（目前最高水平在 25% 左右），显著地降低了飞机的结构重量，提高了飞机的维修性，改善了乘客的舒适性；采用开放式结构的中央计算机取代传统的数十条独立总

图 2.9　宽体民机 A350

线，控制整个飞机的航电和通用系统，提高了飞机系统的可靠性；首次采用了电刹车等多电系统，将环控系统由传统的发动机引气系统驱动改为电驱动；采用更大尺寸的双屏液晶平板显示器，并采用垂直状态显示模式以显示飞机航迹的相关数据，可以加入增强视景系统和三维合成视景系统，进一步减轻了驾驶员的工作负荷。

2）我国发展新一代中远程宽体民用飞机的战略意义

发展大型客机是党中央、国务院在新世纪、新阶段做出的重大战略决策，大型客机是提高自主创新能力、建设创新型国家的重大标志性工程。因此，以我为主发展大型民机并形成具有国际竞争力的航空产业，对提高我国的整体经济实力、推动经济结构优化调整、实现国民经济的可持续发展、全面实现党的十七大提出的经济建设目标具有重大战略意义。

继支线客机 ARJ21-700 和中短程窄体大型客机 C919 型号研制之后，为了扩大民机产业化发展的领域并提高国际竞争力，完善我国民用飞

机产品的全型谱,作为战略性的新兴产业,发展我国新一代中远程宽体民用飞机是必然的选择。

(1)我国发展新一代中远程宽体民用飞机将带来积极的社会效益。

中远程宽体民用飞机属于大型民用飞机的一种,其制造行业是一种知识密集型的高科技产业,除了依靠航空本身的气动、强度、结构、系统、发动机、航空电子设备等各个专业的发展之外,还表现为对如下三种关联形式推动效应:①"回顾效应",即对机械、仪表、电子、材料、冶金化工等上游产业发展的带动作用;②"前向效应",即对民用航空运输业、旅游业、城市基础设施建设、物流、环保等产业发展的诱导作用;③"旁侧效应",即对国民经济各部门资源改善配置效率的推动作用。因此,大型民用飞机已成为一些国家的经济发展源泉,并被称为"工业之花"和"现代科技发展的火车头"。

在航空产品方面,航空运输系统对保持国家经济活力,提高公众生活质量和国家安全水平起着至关重要的作用;在技术方面,民用航空技术的发展进步极大地推动了其他领域的协同发展。民用飞机所具有的巨大社会效益和经济效益已成为发达国家和发展中国家自行研制本国民用飞机的主要驱动因素。

(2)我国发展新一代中远程宽体民用飞机是未来市场的急需机型。

中国已发展成为世界第二大民用航空市场。根据国内的相关预测结果,在2009—2028年间,我国航空运输将保持较快的增长速度,20年间我国航空客运周转量的年均增长率为8.2%。未来20年我国民航需要新增大型客机3327架。

2008年中国民航业共完成运输总周转量376.8亿吨公里,旅客运输量1.93亿人次,货邮运输量407.6万吨。截至2008年底,中国的航空公司拥有运输飞机1259架,其中货机68架,客机1191架,可提供座位数约20万个。

2008年中国民航全行业全年共完成客运周转量2865.6亿人公里,预计到2028年需要运力17642亿人公里。

从目前和未来机队构成和运力分配看出(见图2.10),尽管双通道的宽体民用飞机的机队所占份额不大(22%左右),但是却是运输主力,承担了主要的运力(30%~40%)。所以,为了满足民用航空的未来发展需求,也必然要发展新一代中远程宽体民用飞机。随着民机数量的增加,势必

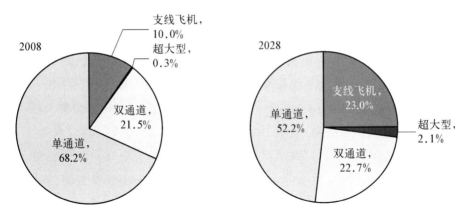

中国民航飞机的目前和未来机队构成比例分配图

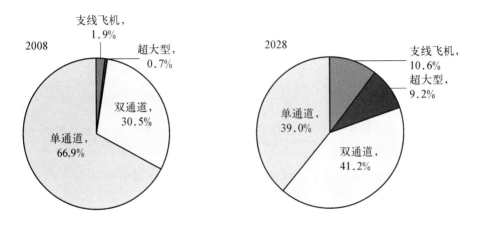

中国民航飞机的目前和未来运力分配图

图 2.10 中国民航目前和未来机队构成和运力分配图

会造成未来空域的紧张,宽体民用飞机运输效率高的优点会使其更有市场适应性和市场竞争力。新一代中远程宽体民用飞机还是承担国际航线飞行任务的主力机型。

(3) 我国发展新一代中远程宽体民用飞机对持续提升自主创新能力具有重要意义。

《兰迪手记》(兰迪·贝斯勒——时任美国波音民用飞机集团负责市场营销的副总裁)在写到"造大飞机不容易"时谈道:"为了打破波音公司世界航空制造业的垄断,空客公司以'初生牛犊不怕虎'的劲头闯出一片天地。在新的难题面前,空客公司的回答是:'必须技术创新。技术是关键,必须在正确的时间拥有正确的技术'。"

同样,我国的民用飞机为在激烈的市场竞争中求得生存和发展,有两个主动权必须抓住:"一个是经营模式,另一个就是竞争优势。"竞争优势对高技术产品的民机而言就是核心技术,这对民用飞机产业发展的重要性是毋庸置疑的。时任总理温家宝为发展我国大型民机也特别指出:"历史和实践告诉我们:核心技术是买不来的,只能靠我们自己。研制大型飞机,同样要下这样的决心,做这样的准备。研制工作必须坚持以我为主,自主创新,全方位考虑";"我们造出的飞机,只有在安全性和经济性方面具有世界先进水平,才能在市场竞争中占有优势。安全性和经济性相统一,关键在技术,只有采用国际先进的、一流的技术,才能实现两者的有机结合,这样国内外乘客才认可,市场才能接受。"

与单通道窄体民机相比,双通道的宽体民机的技术含量更高,存在的技术难度更大,技术带动作用也更强。因此,为在未来研制的新一代中远程宽体民用飞机的安全性、经济性、舒适性、环保性等方面获得技术优势,归根结底必须持续加强自主创新,确保未来研制的新一代中远程宽体民用飞机保持而且始终保持竞争优势。

3) 我国发展新一代中远程宽体民用飞机,必须有针对性地开展核心技术攻关

我国目前研制的新支线客机和大型客机基本上具有或略高于(为具有市场竞争力)国际划分的第四代技术水平,我国下一步发展的新一代中远程宽体民用飞机,为保持市场竞争力,从技术层面讲必须具有或略高于第五代的技术水平(民机第四代和第五代技术水平的量化指标差距见表2.1),而且概括具有如下技术特征:

(1) 采用高效气动布局,使起降状态的升力系数和巡航状态升阻比大大提高。

(2) 复合材料结构用量达到50%以上。

(3) 具有结构健康监控措施。

(4) 采用先进的综合化、智能化航电系统。

(5) 采用光传操纵及主动控制技术。

(6) 采用多电系统技术。

(7) 舱内噪声达到卓越安静状态,使舒适性优于竞争机型水平。

(8) 燃油消耗、机外噪声和污染物排放量降低50%以上,为"绿色环保"民机。

表 2.1 国内外技术水平量化指标差距表

飞机参数	目前国内技术水平（第四代）	目前国外技术水平（第五代）	未来20年国际先进水平
飞机升阻比	14.2	20	>23
发动机推重比	4.75	6.3	≫7
发动机耗油率/kg/(daN·h)	巡航：0.664	巡航：0.55~0.6（减少约20%）	减少50%
飞机机外噪声（相对国际民航组织4类标准）/dB	高2	低20~23	低65
CO_2 排放量		减少20%	减少50%
飞机寿命/飞行小时	60 000（40 000 飞行起落）	60 000~130 000（40 000~10 000 飞行起落）	
维修间隔时间/h	400	1 000(B787)	
复合材料用量/%	4.8	50	>60
座舱压力高度/ft	8 000	8 000~6 000	6 000 以下

因此，为使我国真正掌握新一代中远程宽体民用飞机的核心技术，根据我国的现状以及未来需要发展的新一代中远程宽体民用飞机的技术特征和技术指标，有必要针对性地开展相应关键技术攻关。

[简析]

此文虽已公开发表，但其中内容还可引用于专项——中远程宽体民用飞机的科技预研规划的编制。此章节谈论的是民机发展现状及未来发展趋势，因此，在此章节中首先针对国外具有代表性的宽体民用飞机产品的发展现状和趋势进行了阐述。接着从社会效益、市场需求和提升科技能力等方面引出表明了我国发展新一代中远程宽体民用飞机具有的战略意义。最后根据我国发展新一代中远程宽体民用飞机的需求，针对性地强调了开展核心技术攻关的重要性，而且还概括总结了新一代中远程宽体民用飞机核心技术（公开发表文章定义为第五代技术）的技术特征和代表性技术指标以及目前我国发展民机还存在的技术差距，这对我国发展新一代中远程宽体民用飞机的方向有着一定的借鉴作用。

实例3：发展我国高技术产品——倾转旋翼机[3]

［示范］

1）概述

倾转旋翼机（见图2.11）是一种具有新构型原理的飞行器，是介于直

升机、固定翼飞机之间的一种新概念航空器。当旋翼倾转系统组件处于垂直位置时，倾转旋翼机就类似于双旋翼横列式直升机，可悬停、侧飞、后飞、垂直起降，可免去起降跑道；当旋翼倾转系统组件处于水平位置时，倾转旋翼机就相当于固定翼飞机，能做高速远程飞行，增大飞行包

图2.11　倾转旋翼机

线。有关航空界预计倾转旋翼机将是未来20年的主要航空飞行器，也将发展成为21世纪陆军使用的主流机种，在航空领域将是一种高技术产品。

2）国外倾转旋翼机的发展历史与发展方向

追寻倾转旋翼机的发展历史，可谓是整个航空界的发展史。为了追求垂直起降和快速前飞的完美结合，各个航空公司不惜花巨资做了各种构型的尝试，如复合式直升机（LOCKHEED XH‑51）、西科斯基公司的ABC概念机、尾部着陆飞机（LOCKHEED XFV‑1）、固定旋翼飞机（SIKORSKYX‑WING）、倾转机翼航空器（VERTOL VZ‑2）等。这些类型的航空器由于存在各种各样的问题都先后停止了研制和生产，只有后来发展的鹞式飞机和倾转旋翼机受到航空界的普遍认可，特别是倾转旋翼机，更是受到一致赞同，由于它与鹞式飞机相比有一个明显的优点就是耗油率低。综合评价倾转旋翼机可以不受场地限制，而且速度快、安全、舒适、运营率高。

对于倾转旋翼机而言，研制相对比较成功的为美国Bell公司和波音公司在XV‑3、XV‑15基础上共同发展起来的三军共用的V‑22倾转旋翼机。该机于1990年研制了6架原型机用于各种飞行性能试验，转入工程制造发展阶段后，又继续研制了4架机，用于结构载荷、振动和系统试验以及政府和海军陆战队评定。首批3架军用机已于1999年交付海

军陆战队。美国海军、海军陆战队、空军、陆军航空兵四个军种还计划在10年内采购913架倾转旋翼机,民用航空也计划采购70架,总产值达190亿美元。

另外,由美国 Bell 公司和意大利 Agusta 公司合作研制的民用倾转旋翼机 BA609(见图 2.12)(最大起飞重量 7 250 kg)也即将投入使用。

总结上述第一代倾转旋翼机的技术发展,它们不同程度地存在着由下面三个原因造成的安全性问题:

图 2.12　BA609 倾转旋翼机

(1) 直升机垂直起降模式和固定翼飞机前飞模式之间转换的速度范围过窄(见图 2.13)。

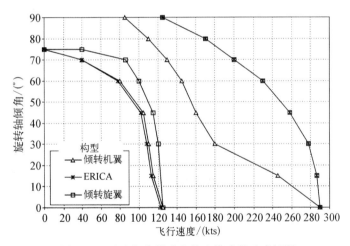

图 2.13　垂直起降模式和前飞模式的速度极限

(2) 由于机翼不转动,造成垂直下降时容易进入涡环状态。

(3) 旋翼回转时容易造成旋翼与机翼之间的颤振问题。

为了克服第一代倾转旋翼机所存在的缺点,欧共体与美国开展了第二代倾转旋翼机的研究。例如,由 Agusta 公司提出,欧共体共同参研的"ERICA"计划(见图 2.14),其最大特点是:

(1) 针对 BA609,改成部分旋转机翼独立于旋翼旋转,其目的为减小

图2.14 "ERICA"计划

旋翼尾迹干扰和功率损失,加宽垂直起降和固定前飞过渡状态下的速度变化范围。

(2)由于旋翼尾迹干扰和载荷减小,可使旋翼直径尽量缩短,使其具有垂直和滑跑两种起降方式。

另外,美国针对未来的战争形势(低强度地区冲突),已决心充当"世界警察"来维护新世界秩序。他的警棍则是最新的军事部署战略,即在96小时内将待命起飞的部队投入战争。为此,美国将研制新一代运输机"未来旋翼运输机"V-44(见图2.15),简称FTR。如果此运输机装上先进的激光武器和精确火控系统,这种飞机可为执行抢占或破坏机场、港口任务的部队提供保护。美国海军陆战队对此新一代运输机是这样评价的:这是一种联合通用空运换代飞机,它集攻击性、通用性、反装甲能力于一身。倾转旋翼飞机代表着未来,因为它能飞得更远、更快,它几乎可让直升机变得过时。

图2.15 "未来旋翼运输机"V-44

我们认为,从战略考虑,发展倾转旋翼机这种高技术产品来替代直升机,将有可能引起作战思想与作战模式的革命性变化。

3) 充分认识倾转旋翼机的军用和民用需求

作为民用倾转旋翼机,由于其特有的飞行性能,同时又能按使用需求,发展成不同吨位和载重能力的倾转旋翼机,并形成系列化,因而可在相当程度上取代传统经典的直升机,成为高效、经济的运输工具,特别是在"西部大开发战略"中大有用武之地。

1998 年 12 月，中国航空系统工程研究所市场研究部在对我国情况进行综合分析后，对民用直升机市场进行了预测，预计到 2013 年我国将需要各类民用直升机 1 867 架（我国目前民用直升机仅 68 架），其中，中重型直升机数量为 75 架。如果作为比较，由倾转旋翼机取代传统的直升机，并参照国外对 1997—2006 年世界民用直升机的产量和产值进行分析，预计总产值将达 15 亿美元，如果再考虑直升机的全寿命使用费用，据国内外统计，其采购费用比例为 1∶2.5～1∶3，这就意味着总产值将近 45 亿美元。如果倾转旋翼机再取代一部分传统轻型直升机，则还将会有可观的产值。另外，倾转旋翼机在旅游、海关、石油、交通、电力、林业、环境保护、城市规划、科学考察、打捞救生、医疗救助、紧急救援、农业等行业广泛使用后，由此提供大量的就业机会还会产生相应的附加产值。

倾转旋翼机将是一种重要的军用机种，适合于海陆空部队使用，在未来高技术战争中将发挥重大的作用。从国外情况来看，美国军方认为倾转旋翼机有可能发展成为新世纪的主流机种。美国海军、海军陆战队、空军、陆军航空兵四个军种已计划在 10 年内采购 913 架倾转旋翼机。分析国外军用和民用直升机情况得知，国外军用直升机产量约为直升机总产量的 40%，民用直升机产量约为 60%。在军用直升机中一般是按 1/3 运输直升机、1/3 轻型直升机（侦察、通信、指挥等）、1/3 武装（攻击型）直升机配置。我国军方研究 2020 年直升机发展战略时，曾提出需要 20 吨级大型运输直升机。因为目前 13 吨级的直 8 直升机和即将开展研制的 8～10 吨级多用途运输直升机还不能完全满足军事任务的需要，特别在高温高原地区进行物资和武器装备的运输任务和吊运作业时，需要 20 吨级左右的直升机，倾转旋翼机主要可以承担这些任务，从而填补军机领域内这个量级的空白。而且从发展前景来看，倾转旋翼机如果装上各种先进的武器和火控系统，有望发展成为我军高性能航空武器的撒手锏，成为未来我军的主流机种，在未来军事装备中起重要的战略作用。因此可以预计，倾转旋翼机有相当可观的军用需求。

通过分析我们认为，国内无论军用航空还是民用航空，对倾转旋翼机都有相当大的需求，一旦国内倾转旋翼机发展成功，对我国的航空产业化将起巨大的带动作用。不仅如此，由于倾转旋翼机自身高技术水平发展的需要，还会对许多相关工业部门和科研领域提出新技术、新材料、新产品等方面的发展需求，以促使冶金、化工、电子和机械等科研领域技术进一步发展,从而带来国民经济新的增长。

[简析]

此文虽然已公开发表,但其中内容也可引用于专项——倾转旋翼机的科技预研规划。此章节谈论的是民机发展现状及未来发展趋势,因此,文中首先针对航空产品阐述了国外倾转旋翼机的发展历史和方向,接着有目的性地表明了我国需发展倾转旋翼机的重要作用,这在一定程度上对论证我国发展倾转旋翼机起着一定的推动作用。

实例4:民用航空科学技术研究"十二五"规划报告[4]中的科技现状与形势

[示范]

近年来,随着全球经济的快速发展,民航运输需求持续攀升,民用飞机市场需求也越来越大。以欧洲空客公司和美国波音公司为代表,世界各民用飞机研制强国都加强了民用飞机先进技术的研究,先后开展了以A380、A350、A320后继机、B737后继机和B787等为代表的新一代或先进民用飞机研制,以满足日益增长的市场需求。民用飞机产业是以高技术为特征的产业,民用飞机市场的激烈竞争,归根到底还是技术的竞争。

我国的民用飞机工业经过几十年的发展,正经历从测绘仿制、改进改型逐步到自主研制的转变,相继研制了运5、运7、新舟60、运8、运10、运11、运12、直8、直9、直11等一系列民用飞机型号,特别是随着ARJ21新支线飞机首飞以及适航审定的展开、大型客机立项研制以及"十一五"民用飞机科研计划的实施,使得我国民用飞机科研水平有了显著提高,为我国下一步自主研制大型民用飞机打下了一定基础。

民用飞机技术发展方向是不断提升安全性、经济性、舒适性、环保性指标,在这四性需求的驱动下,民用飞机在材料、结构、总体、气动、控制、动力等方面不断进步,新概念、新原理、新方法不断得以推广应用,材料、设计、制造、试验等研制环节不断发生新的变革,这促使民用飞机产业的竞争日趋激烈。为了在竞争中占据有利地位,制造厂商将全谱化、系列化作为民用飞机产品的发展方向,不断向民用飞机市场注入新的元素。

当前我国民用飞机工业与国外先进国家相比,技术水平差距比较明显,产业发展环境还不成熟,尤其在大型民用飞机、涡桨支线飞机、先进民用直升机和通用飞机等方面与国外先进水平存在较大技术差距。为缩小这种差距,结合我国民用飞机下一步发展需求,推动我国民用飞机产业持续、健康发展,特制定民用飞机"十二五"发展规划报告,报告力求从专业技术发展和产品发展方面出发,对我国民用飞机发展进行多方位研究,其中专业技术涉及总体、气动、结构强度、试飞、适航五个方面,产品层面主要对涡桨飞机、直升机、通用飞机、公务机、特种飞行器、无人机六型飞机的专用技术进行研究,总共涉及十一个方面。报告中,涡桨飞机特指以新舟系列为代表的涡桨机型;通用飞机特指农林飞机、培训/教练机和运动特技类飞机及 19 座以下的涡桨或活塞螺桨多用途飞机(公务飞行、短途客运与货运、应急救援、航测航拍、巡逻监视等);公务机特指通用飞机的高端产品,在市场与技术上有公务自身特点,研究倾向于低座级高舒适机型;特种飞行器具有特殊的技术特点和用途,因此将其单独列出,特种飞行器包含水陆两栖飞机、地效飞机、飞艇等。

(1)民用航空产品和产业发展面临的形势和背景型号需求。

民用飞机产业是高端科技的战略性产业,对国家的经济发展有着重大的带动作用。民用飞机的发展不仅代表着一个国家航空工业的水平,而且集中反映了一个国家的整体科技水平和综合国力。

当前由于我国已具备一定的民用飞机研制能力,已决心发展自己的民用飞机产业,面向国际市场,参与国际竞争。但是,为在竞争中保持有利地位,世界主要民用飞机厂商已经对我国实施了技术封锁,这使我国民用飞机产业发展形势日趋严峻。

随着能源短缺和价格上涨的压力加大,涡桨飞机由于其经济性上的优势,发展空间和优势越来越大;另一方面,随着国家应急救援体系建设的推进,对直升机、通用飞机的发展产生极大的促进作用。面对着这些强劲需求,在"十二五"期间在我国民用飞机型号发展的牵引下,需对一些民用飞机关键技术进行攻关研究。

为满足我国民用航空市场快速发展的需求,提升我国民用航空科技水平,建立完整的民用飞机产业体系,推动我国民用飞机产业逐步走向世界并全面参与国际竞争,必须加强我国民用飞机发展所需的关键技术研究。近年来,我国民用飞机的研制取得了一定的突破性进展,ARJ21-700 已成功上天,150 座级干线飞机已列为国家重大专项并开始投入研制。在现有基础上,我们还需要在 200 座级以上的双通道大型民用飞机、新一代涡桨支线飞机、公务机和民用无人机等方面大力开展研究,同时针对超音速客机也需要进行先期探索研究、概念研究和重大关键技术预研。

当前国际民用飞机技术发展方向是更安全、更经济、更舒适、更环保,产品发展策略是构建完整体系,走系列化、全谱化方向。

在提高安全性方面,从材料、设计、制造、试验、使用等全过程考虑,不断提高最低安全门限,FAR、CCAR、JAR 版本的更新,代表和指导着安全性要求的不断提高,预计到 2020 年,以大型民用飞机为代表的飞机安全性比当前再提高 10 倍,即事故率降低到现在的 1/10。

在改善经济性方面,采用轻质材料和一体化综合设计,进行全寿命经济评估,降低保障费用等策略以提高经济性。预计到 2020 年,经济性相比现在提高一倍,即运输成本降低 50%。

在提高舒适性方面,主要着眼于乘坐品质提高,降低噪声,扩大个体空间,改善压力、温度、湿度、视界环境等方面。

在注重环保性方面,主要集中在降低发动机废气排放、降低舱外噪声等方面,力争 2020 年废气排放减少到现在的 1/5~1/3,噪声减少到现在的 1/4~1/2。

市场预测分析表明:节能环保的涡桨支线飞机在国内外均存在较大的市场需求。我国区域经济的发展加大了中短途航线运输需求,从而推动了国内支线航空市场的发展,特别是西部地区地域广、地面交通不便,发展支线航空是西部大发展的必要选择。按照国家机场布局规划,到 2020 年国内民用机场将新增 70 多个,且新增的主要为支线机场,为支线飞机的发展提供了更加广阔的空间。我国涡桨飞机经过几十年的发展,形成了运 7、运 8、运 12 和新舟系列涡桨飞机,其中新舟 60 飞机在国内外取得了较好的销售业绩。随着航空技术的发展,市场对涡桨飞机的安全性、经济性、舒适性、环保性以及高温和高原性能提出了更高的要求,因此,发展新一代涡桨支线飞机十分必要。

我国国内使用的民用直升机国产比例仅为 8.3%,所占据的数量和份额十分有限,这给直升机产业留下了充足的拓展空间。但是我国直升机发展环境较差,技术基础薄弱,产能有限,使得长期以来直升机的发展与国民经济发展并不协调,不能满足当前建设需要。但随着国家对直升机在应急救援、城市安保等领域作用认识的深化,国内直升机使用环境将逐步改善,直升机发展的束缚将得到极大释放。根据当前国内现状和市场需求分析得知,民用直升机的研究背景型号需求为 6 吨级民用直升机、重型直升机和现有民用直升机的改进改型。

通用飞机是航空发达国家赖以持续发展的基础,为航空产业人才保持和技术推动提供着重要保障。另一方面,我国通用飞机产业长期以来地位和作用得不到足够的认识和重视,导致我国通用飞机产业发展缓慢。随着经济发展,我国对农林飞机、轻型旅游飞机、多用途飞机等需求逐步旺盛,同时随着国家低空空域逐步开放,通用飞机将会得到巨大发展。

目前中国公务机市场 80% 的客户是大型跨国公司,国内客户仅占 20%。随着中国经济的持续发展以及与世界经济的深度融合,中国企业逐步壮大,企业间竞争更为激烈,时间、效益将成为更多企业考虑的焦点,国内企业将很快成为公务机市场的主要用户,即公务机存在着巨大的市场潜力。面对中国公务机市场商机,全球各大公务机制造商竞相逐鹿。这对公务机技术发展提出了更高的要求,这些要求主要体现在:技术先进性、安全性、舒适性、环保性,以及对高温、高原及简易机场的适应性。

特种飞行器是航空产业不可或缺的部分,主要应用于旅游观光、交通运输、巡逻、灭火和应急救援等,同时在其他民用领域如空中测绘、摄影、广告以及大型活动的反恐监测和交通管制等方面也有迫切的需求。

随着信息技术和智能技术的继续发展,无人化将是很多行业的发展方向,这势必将推动民用无人机的不断发展和壮大。

(2) 国际民用航空科技发展现状及趋势。

当前世界民用航空工业发展迅猛,飞机朝着更安全、更经济、更舒适、更环保的方向不断发展,但传统布局飞机仍将作为未来一段时间内研究和发展的重点。美国波音公司在研机型 B787 和欧洲空中客车公司在研机型 A350 代表目前世界大型民用飞机最高水平,其采用了更加精细化的总体气动设计、大比例复合材料结构、多电系统、新型发动机,使油耗降低 20% 以上,直接使用成本降低 10% 以上。由于传统布局飞机可挖掘的潜力已经十分有限,因此能够带来大幅度增益的新型布局飞机将越来越受到关注。在新型布局飞机中,翼身融合体布局飞机(BWB)与层流机翼飞机最具潜在的应用前景。

航空工业是知识密集型的高科技产业以及需要大量应用多种学科技术发展的最新成就。总体设计技术综合应用空气动力学技术、结构强度技术、喷气推进技术、航空电子技术、高强度合金与复合材料技术等多种技术,形成完整的技术体系。信息技术、人工智能及新概念前沿技术的突破将使总体设计技术产生新的发展与变革。

总体设计技术直接决定着飞机整体性能的优劣,影响到全寿命费用的90%以上,决定了飞机在市场的竞争能力和发展潜力。航空器发展的趋势是先进技术的高度综合化,飞机尺寸的大型化,飞行速度的高速化,研究先进的总体布局形式,开拓新的设计思路,推动设计概念的发展,建立相应的总体综合设计技术及方法。总体优化设计技术是在计算机技术高速发展的基础上发展起来的,这项技术的发展改变了原先靠人工进行协调的模式。随着技术的进步和需求的提高,优化方法也从经典数学规划中的单目标优化演变为多目标的综合优化,参与优化的技术学科更是从单一学科向多学科方向发展。建立在数字化信息平台上的多学科总体优化方法已经成为目前飞机总体优化设计发展的方向。

空气动力学的发展是航空航天工业的基础。世界航空业发达国家的空气动力学一直站在行业的潮头,不断推动着飞行器设计技术的发展。各个航空业发达国家都不断在实验、计算领域进行基础空气动力学的研究,以确保在探索新的气动布局形式方面获得持续的技术支持。建设大型气动力实验基础设施,并大力发展各种风洞试验技术使之尽快达到工程应用水平,同时对一些比较有应用前景的新颖的飞行器气动布局进行先期气动设计分析研究。

在结构强度上,国外通过应用轻质、高效、整体化结构,新型先进材料、新工艺和新结构形式,使得大型民用飞机机体结构使用寿命已超过90 000飞行小时,在机身舱门等复杂结构的设计、分析及验证方面有一整套成熟的方法,并将模块化思想应用于结构设计上。

在民用飞机试飞研究上,研究性试飞和技术验证性试飞对航空工业的发展起了非常大的促进和引领作用。国外航空发达国家均投入很大精力进行各型试验飞行验证,同时进行超临界翼技术验证、层流翼技术验证、先进流动控制技术验证、高升力技术验证、减阻技术验证等方面的工作。

大型客机、通用飞机及相关产品适航性技术要求的发展牵引着适航性技术的发展。现代大型客机及其相关产品的设计、制造技术所采用的新技术越来越多,例如复合材料的应用、系统集成技术的高度综合等,致使适航性技术要求不断提高,例如:相关适航条例的第1309条对设备、系统和安装方面的要求随着航空技术发展在不断更新,所考虑的设备、系统范围也越来越广,所应用的分析技术也越来越高,而且非常重视可能出现的故障所造成事故的概率要求。此外,适航性验证技术的发展也体现在边界科目试飞、防除冰、闪电防护、结构损伤容限、双发延程飞行(ETOPS)、水上迫降、适坠性以及飞越高强度辐射区(HIRF)等各个方面。

针对涡桨飞机,国外开展了涡桨飞机螺旋桨滑流影响、新型高效隔声结构设计、吸/隔音材料应用、以智能材料为基础的自适应减振降噪、主动降噪等方面的技术研究,均取得了较好的效果。为巩固技术优势,目前世界先进飞机制造商均建立了完备的客户服务体系和完整的市场研究体系,支线飞机市场预测及客户化设计指标定义技术的发展,为新机的研发提供了完整、可信的设计输入,保证了飞机产品的商业成功。

在民用直升机发展上,国外在满足民航适航条例的前提下,主要侧重经济性、可靠性、舒适性、操纵性、维护性及保障性技术发展,着重飞控、航电系统、动力学及噪声、机体、起落架、传动等系统以及系统综合优化等方面的发展。

国外通用飞机在农林飞机的发展上,以实用为原则,根据不同需要,已形成了大、中、小、轻型飞机的多层次专业化结构。培训/教练和运动特机类飞机发展讲究经济、实用、高训练效费比,技术简约、安全可靠,以及理论(教学模拟)与飞行相结合。多用途飞机发展以多功能、系列化为方向,采用总体综合优化设计技术和轻质材料,追求低研制成本和高安全性,要求有较长的航程和升限,良好的使用经济性、维修性和一定的舒适性。

目前,公务机主要制造商有庞巴迪公务机公司、赛斯纳飞机公司、达索"隼"式喷气公司、巴西航空工业公司、湾流宇航公司和雷神飞机公司等。世界上主要高端公务机制造商都拥有先进的技术、多个型号的成功经验和完备的售后客户支援保障体系。庞大的需求与成熟的技术造就了现有世界公务机市场(特别是北美市场)的繁荣。

作为通用飞机高端产品的公务机,先进性体现在喷气动力、高安全性、高舒适性、高效的运营特性。通过越来越多地采用先进技术,以提高速度、航程等性能;采用先进的综合航电和飞行控制技术,以提升安全性和舒适性水平;大量采用复合材料以减轻飞机重量、节能减排和提高机体寿命,降低运营成本;通过先进的可靠性设计、健康管理技术和完善的服务保障支持体系,以确保高效运营。

在特种飞行器发展上,目前国外水陆两栖飞机技术朝大量采用复合材料,探索新的气水动布局型式和采用涡扇发动机等方向发展。国外地效飞机总的来说是一个大型化、实用化、军民兼用的发展趋势,在技术上针对地效飞机的性能和使用特点采取了一系列的改进措施,主要包括采用内、外组合式机翼布局形式,采用大细长比和多个断阶的船体线型和发动机喷口的转向技术。此外,世界各大航空强国都在积极进行飞艇研究。

民用无人机需要深厚的技术积累,我国和主要航空强国均处于起步阶段。借助军用无人机的发展成果,进行民用特色的转化,是民用无人机当前发展的主要特点。

(3) 相关技术发展现状。

民用飞机的总体设计技术是应用许多技术领域最新成果的综合技术,它的发展是实现一体化、信息化、综合化和智能化的综合体现。总体综合设计技术从全机最优的总体目标出发,对全机及各系统、部件进行多学科综合设计,实现机体结构、空气动力、推进装置、航空电子技术的一体化。先进的总体综合技术将使新研制的民用飞机综合程度更高。目前我国的总体综合权衡设计能力较差,实践经验有限。气动设计方面国外同行进行了大量的 CFD 计算,并成功应用在型号研制过程中,国内近年来虽也开展了一些研究,开发和引进了一些软件,但由于缺乏实际型号应用,基本还停留在理论研究阶段;结构设计上,复合材料在国际主流结构设计中的比例已经达到 50% 的量级,并大量应用在主承力结构中,而在我国应用复合材料比例却只有 2% 左右;国外民用飞机普遍采用了系统高度综合、可靠性高的航空电子和设备,而国内民用飞机的航空电子系统综合能力需要通过实际型号的推动来提高;国外民用飞机的安全性、经济性、舒适性、维修性和环保性达到了较高水平,而国内由于研发型号少,投入有限,与国外差距非常明显。

气动设计方面,在强调民用飞机经济性、舒适性、安全性、环保性的时候,先进的气动力设计水平、高效的气动力设计显得至关重要。"八五"和"九五"期间,我国在飞行试验气动力测量技术研究领域,在运 7 原型机上成功开展了"螺桨滑流区压力分布及边界层特性研究",综合应用了测压带、附面层耙、PRESTONE 管、热膜法对运 7 飞机进行了压力测量。随后在歼教 7 飞机上完成了跨音速下的三角翼气动特性测量,所采用的测试方法是改进的测压带、直接打孔及边界层耙法,获得了典型飞行状态下机翼的压力分布及附面层特性,基本掌握了压力分布和边界层测量常用方法;国内通过"九五""十五""十一五"期间进行的大量民用飞机气动力预研课题的研究,基本掌握了作为现代民用飞机设计的关键技术——超临界机翼设计技术,开发并试验验证了可直接应用于民用飞机型号设计的工程实用化超临界机翼设计软件系统,建立了超临界机翼高速气动数据库和超临界机翼增升装置气动数据库,为以后的型号研制打下了基础。

结构强度方面,我国已基本形成了满足适航要求的结构耐久性、损伤容限设计分析体系,包括软件、设计范例和分析参数汇集等,基本能够支持民机满足 60 000 飞行小时的寿命目标;在复合材料方面,广泛开展了次承力结构设计、分析与验证研究,在操纵面、整流罩等次承力结构中已得到应用;在起落架研制和验证方面,已经形成了军用飞机起落架疲劳与耐久性设计准则、分析软件、疲劳数据库、地面载荷分析系统等,并已在多个型号的飞机起落架设计与试验中进行了成功的应用,为民用飞机的应用奠定了技术基础;在噪声控制及试验验证技术方面,我国已初步建立了民用飞机声学试验平台,开展了舱体结构降噪试验研究;在声疲劳方面,建立了一般材料/结构的声振响应工程预计方法。不可否认,我国还存在一些型号的新型材料(如复合材料)应用水平较低、试验能力不足的状况,正在研发大型民用飞机、通用飞机、高级公务机、大型灭火/水上救援水陆两栖飞机、新概念布局运输/运载机等未来新机的技术储备和研保能力不足。国内民机结构强度技术在型号研制和预研成果的应用方面大致相当于国外 20 世纪 90 年代初或中期水平,落后国外先进水平 20 年左右。

试飞技术方面,我国民用飞机的适航审定试飞工作较晚,与世界先进水平相比有一定的差距。20 世纪 80 年代以来,我国先后对 FAR、JAR、CCAR 适航条例进行了深入细致的研究,"九五"期间在运 7 飞机上开展了失速等民用飞机适航技术研究。90 年代后期按照 CCAR25 部要求对运 7-100、运 7-200A、运 7-200B、运 7H-500、运 8、运 8C 飞机进行了适航审定试飞,基本全面掌握了 CCAR-25 部 B 分部要求的验证方法;2004年 12 月～2005 年 3 月,小鹰-500 飞机按照 CCAR-23 部进行了适航合格审定试飞,目前 ARJ21-700 飞机正在进行适航审定试飞,可以说在民用飞机试飞领域取得了重大进展,培养和造就了一大批基本全面掌握民用飞机适航审定试飞的专业技术人才,大大缩短了与世界先进水平的差距;"十五"期间,通过"民用飞机飞行管理系统试飞技术研究""民用飞机颤振试飞技术研究"等民用飞机专题,以及目前正在进行的"民用直升机适航关键技术研究"和"民用飞机电传与主动控制技术演示验证"研究,攻克了制约大型民用飞机和直升机适航试飞的关键技术,为 ARJ21 支线客机、大型客机的适航试飞奠定了技术基础。

适航性技术方面,由于我国航空工业体系主要是为军用航空目的建设的,适航起步较晚,技术水平和民用飞机发展匹配较差。近 20 年来从事了一些民用航空产品的研制,取得了一定的成果,一部分民用航空产品进行了适航审定,一些民用飞机、直升机、发动机和机载设备获得了适航证件,但这些产品仅局限于小型航空器、发动机和少量机载设备,特别是只有小型民用飞机和一个机载设备的适航审定获得了美国联邦航空管理局(FAA)的认可;在大型客机、大型航空发动机、多数机载设备和机载设备系统集成、主要民用航空材料方面,国内航空企业多数都没有研制过,缺乏相应产品的适航能力,而即使进行过适航审定的很多产品,适航性技术水平也不高。只能说国内正在研制的 ARJ21 - 700 飞机对运输类飞机的适航符合性验证技术有很大提高,基本体现了国内有关适航符合性验证技术的最高水平,但还是有不少适航符合性验证技术国内航空企业没有完全掌握,例如:运输类飞机高难度试飞(抖振、高速、失速等特性)、复合材料结构验证、防冰、防雷击、安全性分析、电磁兼容、噪声和污物排放等相关技术。

涡桨飞机方面,国内研究水平基本达到国际 20 世纪 80 年代的水平。由于涡桨飞机的螺旋桨滑流影响,使得飞机的升阻特性、力矩特性以及 T 尾布局的深失速特性等问题变得更加复杂,目前国内对这方面的研究还有待加强;在市场研究体系方面,目前我国在飞机市场预测以及将市场、客户需求转化为设计要求方面与国外相比还存在较大差距;在客户服务体系方面,按照建立符合国际规范和民航规章的民用飞机客户服务体系的要求,国内飞机制造商由于受经济体制、行业水平及自身能力的限制,客户服务水平与世界先进飞机制造商相比还存在较大差距,现有的服务体系、服务技术和服务模式不能完全满足市场发展的需要;在噪声控制设计技术方面,国内相关工作起步较晚,现有飞机噪声控制水平和噪声控制设计能力与国外相比存在较大差距。

直升机方面,我国民用直升机技术虽然有了较大发展和长足进步,但是总体设计能力、某些关键技术、制造工艺水平、基础材料等与世界先进水平相比,仍存在很大差距,主要体现在科研基础薄弱,综合集成能力低,创新能力不强,难以适应市场竞争的需求;关键的具有高技术含量的部件及系统设计水平也不高,核心技术主要还是依靠国外,自主研发的程度较低;一些引进或转让的部分关键技术消化吸收也不够,只知其然而不知其所以然,尚未完全掌握其核心技术。

通用飞机方面,当前技术发展主要是要综合考虑低成本、高安全性、良好使用经济性以及维修性和一定的舒适性等指标。目前国内通用航空经营企业少,营运的机型种类少,机队规模小,另外,这些企业的维修能力、自主性投入不足,加上空域管理、市场准入等多方面限制,阻碍了我国通用航空工业的成长和持续发展。过去几十年,虽然国内也设计了 N5、LE500 等型号,但在总体设计、复合材料的设计与应用、配套设备、系统集成、全寿命周期低成本控制、适航验证等方面与发达国家相比有很大差距,难以与航空业发达国家进行竞争。

公务机方面,过去几十年中,世界公务机市场竞争激烈,格局变化大。许多公司进入这一领域,同时又有许多公司从这一市场退出。喷气公务机制造商之间的并购也比较频繁。较高的技术要求和用户对公务机品牌的认同,为新进入者设置了较高的门槛。总体看,中国经济形势和发展走势决定了公务机市场的发展前景看好,但当前国内经济结构和消费观念导致公务飞机在国内销售有限,另一方面,目前国内在公务机设计、改装能力上基本是空白,在理念、经验和技术上存在较大不足。

特种飞行器方面,我国在水陆两栖飞机的研制方面还缺少成功的型号研制经验,虽有一些国外资料可供借鉴,但在低成本复合材料研制技术、水陆两栖飞机特殊设计技术等方面还需进行更为深入细致的研究,以充分利用现代设计方法与现代生产加工技术,降低研制成本,提高产品性能和可靠性,使产品定位在用户可以买得起、用得起的低价位,同时又具有与国际知名品牌飞机竞争的技术优势。国内从 20 世纪 60 年代就开始了地效飞机的理论研究和模型试验研究,尤其是 20 世纪 90 年代以来,国内许多单位都相继研制了许多地效飞机,地效飞机的飞行稳定性和操纵性、动力增升技术等主要关键技术研究都已取得重大技术突破。虽然我国在大型地效飞机的研制方面已经具备了一定的技术基础和工业基础,但与国外差距还是比较明显的,一是还有一些地效飞机大型化、实用化的关键技术有待进一步研究和突破;二是大型地效飞机主要在海洋盐雾环境下使用,高强度耐腐蚀铝合金结构材料我国虽已有一定的基础,但在规格、品种、工艺性等方面还有待进一步提高和完善;三是我国的动力装置配套能力不足,现在还没有可供大型地效飞机选择的合适发动机,需要进口;四是部分成品设备也需进口。在飞艇研制方面,我国目前已具有飞艇生产制造、总装设备和备件的试验、试飞条件,并在飞艇关键技术研究和产品开发方面具备较强的综合技术实力。在飞艇总体设计技术方面积累了非常丰富的经验及平流层飞艇多年课题研究成果,在长期浮空飞行器研究和开发过程中,积累了大量浮空飞行器的使用和维护的经验。

[简析]

此为综合性民用航空科学技术研究规划的民机发展现状及未来发展趋势章节,因此这不同于只针对专项民机产品而谈,而是对整个民机科技的发展进行了全面阐述。

(1)首先在阐述民用航空产品和产业发展面临的形势和背景型号需求时做到航空产品型谱涵盖全面,面临的形势分析透彻,提出的产品背景需求合理到位;

(2)针对性地阐述了国际民用航空科技发展的现状及趋势,标杆性地指出了国际上具有代表性的民用航空产品以及相应的先进指标;

(3)最后落实到相关民机技术发展现状,包括我国相关民机技术的差距。

当然,此段的阐述与专项民机科技规划编写的不同之处主要是体现在科技的表述方式上相对宏观些,但这也为综合性民用航空科学技术研究规划在后面章节写到的我国民机科技进步与发展指明了方向。

2.2 民机科技预研目的和目标

在编制民机科技预研规划时,首先应在经过充分分析、研究和论证后阐述清楚民机科技预研的目的,即根据民机战略定位明确地提出开展民机科技预研将要获得的最终结果。这是整篇预研规划的"纲",只有抓住了"纲",才能纲举目张。民机科技预研的目的说到底就是民机技术创新、发展和进步的目的。因此,该目的必须与民机产品发展的规划紧紧相扣,应充分保证预期在合适的时间将合适的技术应用到合适的民机产品研制上。根据民机等航空产品的高技术特点,一般来讲预研目的是相对较长时间的结果。对于民机产品而言,研制立项之前必备的技术状态为:产品研制所需的技术体系已经完整,经过预研攻关掌握的成熟技术已能为民机产品研制提供充分的支撑,即根据国际惯例一般技术成熟度水平(TRL)应达到6～7级。这从宏观上讲就是民机科技预研的目的。

其次再阐述清楚在规划的时间内(中国的规划一般惯例以5年为一周期)开展预研活动得到的阶段性结果,即带有明确解决问题的预研目标。如做到精准规划,甚至还需给出具有代表性的典型技术指标要求,即实现目标的具体量化。

实例

实例1:××公司"十二五"民机科技预研规划[5]中的预研目的和目标

[示范]

1) 预研目的

依据我国民用飞机产业的发展规划,全面掌握提升民机"安全性、经济性、舒适性和环保性"的相关设计研发技术,××公司提出的开展民机科技发展及预研目的如下:

(1) 针对我国目前正在研制的ARJ21-700支线客机和C919大型客机的技术状况,根据××公司的定位补充完善技术体系,解决一批长期困扰我国民用飞机工业发展的技术难题,最终对标空客公司、波音公司建立和完善民机设计、集成软硬件环境和技术体系,全面提高我国自主研制民机的综合能力,推动我国民用飞机工业的整体技术水平的提升。

(2) 以我国包括宽体客机、新型涡扇支线客机在内的新一代先进民用飞机背景型号研制的技术需求为牵引,进行总体设计、系统集成和试验关键技术攻关,提升技术水平成熟度,为我国"十四五"自主研制先进民用飞机提供技术支撑。

(3) 瞄准我国发展未来更加先进的新概念民用飞机,针对性地开展相关技术的探索性研究,为未来新概念的民用飞机研制奠定坚实的技术基础,以促进我国民用飞机技术健康持续地向前发展,并最终超越空客公司和波音公司。

××公司通过"十二五"完善民机技术体系、"十三五"掌握新一代民机研制技术以及跟踪探索新概念民机技术,与我国民机型号研制、生产和产品支援一并形成我国科学的"探索一代、预研一代、研制一代、生产一代和支援一代"的完整民机科研体系,使我国步入完全能够自主研制先进干线飞机和支线飞机两大系列航空产品的强国之列。

2)"十二五"科技预研目标

围绕××公司民机科技发展及预研目的,完善民机技术体系,针对总体气动、结构强度、机载系统、机械系统等各专业发展重点技术专项,开展预先研究等关键技术攻关,包括完成制定技术方案、理论建模与仿真分析以及试验模型实验等基础研究和应用基础研究。探索和发现科学原理规律、初步掌握理论设计方法和分析技术,并通过实验室试验得到有效验证,确保10年后应用到民机产品型号研制所列的重点技术攻关项目的技术成熟度水平在"十二五"期间达到4~5级。

[简析]

此为××公司综合性的民机科技预研规划的预研目的和目标:

(1)从宏观的角度分三个层次制定了预研目的:一是对标波音公司和空客公司提高整体民机技术水平和能力;二是根据××公司的定位,针对民机背景项目以提高技术水平的成熟度为目的;三是瞄准未来新概念民机提出奠定技术基础的目的。通过这三个层次目的阐述,提出了形成我国完整科研体系的最终目的。

(2)制定"十二五"的科技预研目标时,具体落实到需预研的重点技术领域,并且表明需做到的具体技术水平程度。

从此实例可看出:制定的预研目的比较远大、宏观,而一定周期内的目标相对来讲就清晰和具体,并且尽量做到量化可考核。

实例 2:美国国家航空研究与发展政策[6]的政策总目标

[示范]

这项政策的总目标是通过培育包括政府、工业界和相关院校在内的,一个充满活力并富有效率的航空研究与开发群体,加强美国在航空技术方面的领导地位。为实现这一目标,依据上述原则和总统的管理议程、管理和预算办公室的研究与开发投资准则,美国政府应采取如下举措:

(1)在进行创新的思想、概念、方法、技术和能力研究方面,应保持长期的稳定和关注,从而为加强美国在航空领域的技术领导地位奠定坚实的基础。

(2)致力于开发有前途的先进飞机概念和技术,为实现卓越的军事能力创造新的机会。

（3）致力于开发能拓展空运系统容量的先进概念和技术，以及国家空域系统中的新型飞机概念。

（4）对于确认为美国政府关键国有资产的航空研究、开发、试验与评价基础设施，应致力于寻求协调管理方法，以保持和提高美国试验与计算领域的世界级研发能力。

（5）确定联邦政府在航空研究与开发中的任务，以及在开发和应用创新技术中联邦政府与私有部门之间的相互关系。

（6）培育美国航空企业拥有全球竞争力的研发环境，鼓励工业界的投资和院校的参与。

（7）在政府执行部门和机构中加强协调和交流，以实现政府研发资源的效益最大化。

（8）对于政府的研发优先顺序、规划和计划过程，应强化工业界和院校伙伴的参与机制。

［简析］

此为美国政府科学与技术政策办公室（OSTP）于 2006 年签署的美国国家航空研究与发展政策所定下的政策总目标，这类似于我国编写规划的目的。它所阐述的条目内容比较宏观，只从政策的层面规定了需做哪方面的事情。如需深入还要有操纵层面的具体目标。

2.3 民机科技预研重点发展领域和专项

在制定了民机科技预研规划目标之后，应围绕此预研目标，有的放矢，实事求是地梳理和提炼出相应的民机科技预研项目。虽然民机作为系统众多而且复杂的产品，相应技术体系所包含的技术领域和技术项目种类和数量也众多，并且作为系统工程，民机产品的成功研制，缺一项技术都不行，否则就会出现"木桶效应"。但是，由于预研所需的资金、人员、试验条件保障等资源的限制，还必须根据科技重点和技术关键再次清理出对应的重点预研领域和预研专项以求重点投入和发展。当然，怎样将重点预研领域和专项列入规划，必须要有原则以求遵循。根据经验，有几项共同的原则需要关注。一是定位，就是考虑重点预研领域和预研专项时应考虑要与本公司的工作性质及主营业务相关，还要合理区分主制造商与供应商的技术需求，这也必须与科技预研规划的目标紧紧相扣；二是轻重缓急,这要将未来型号研制所缺的而且急迫所需的技术与锦上添花的技术区分开来;三是需要紧贴未来研制的民机型号产品,根据预研活动的不同阶段做到共性技术与背景项目技术适度分配,以保证未来在合适的时间将合适的成熟技术应用到合适的民机型号研制上,这就保证了民机产品的系列发展随着时间序列的进展都有相应的成熟技术给予支撑。

实例
实例 1: 中远程宽体民用飞机的发展重点[2]
[示范]

我国为发展具有或略高于第五代技术水平的中远程宽体民机,并保持市场竞争力,真正掌握新一代中远程宽体民机的核心技术,根据我国的现状以及未来需要发展的新一代中远程宽体民机的技术特征和技术指标,有必要针对性地开展如下九大关键技术攻关。

1) 宽体民机新型机体构型及气动布局技术

为进一步提高宽体民机的气动效率,降低气动噪声,针对机身、大展弦比机翼和发动机以及尾翼等开展多种构型和气动布局研究,结合先进机翼增升装置和发动机技术,提高气动效率,使气动升阻比由目前 C919 的 17.3 提高到 20 左右,机体外部噪声相对国际民航组织 4 类标准降低 30~40 dB。大大降低燃油消耗、二氧化碳等污染物排放以及噪声污染。

2) 新型气动增升及减阻技术

重点开展机翼三维增升装置气动设计及减阻技术研究,包含三维增升装置成型设计,复杂外形的气动计算技术和增升装置优化技术研究,边界层流动主动控制(见图 2.16)等技术研究,使气动阻力相对传统的流动控制措施减阻由 5% 左右提高到 10%。

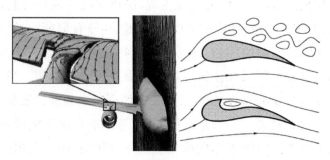

图 2.16　边界层流主动控制技术

3）低成本先进复合材料结构设计与制造技术

复合材料由于具有比强度高、断裂韧性好和重量轻的特点,目前已在A350和B787等先进民机上大量使用。

为使未来研制的新一代宽体民机的复合材料用量达到50%以上,使其寿命长,重量轻,最终降低油耗和二氧化碳等污染物排放,提高经济性,有必要开展低成本复合材料机身和机翼等主承力结构的应用技术研究,包括材料体系、设计技术、工艺技术和试验技术研究,得到相应的数据库和标准、规范,为新一代宽体民机结构研制大量应用低成本先进复合材料提供技术手段(见图2.17)。

图2.17　复合材料机身结构制造

4）民机结构健康监控技术

民机结构健康监控技术是一个多学科领域综合交叉的前沿技术,基于该技术构成的监控系统可对结构状态进行实时监控(见图2.18),并根据获取的信号进行状态评估或故障诊断,以提供相关结构的完好状态信息或故障预警。目前此技术对我国而言是一个全新的领域,因此对未来研制的新一代宽体民机而言,有必要先期开展此重点项目技术研究,包括

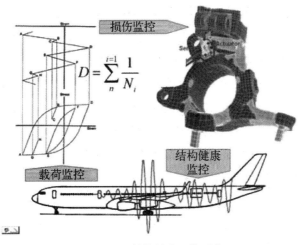

图2.18　结构健康监控系统

结构破坏模式、损伤扩展规律、损伤诊断技术、寿命分析及预测、信号收集和处理以及系统在结构中的集成等技术研究。

5）宽体民机大变形机翼气弹动力学及载荷技术

对新一代宽体民机而言,机翼展弦比高,相对窄体民机变形量大,甚至进入非线性状态。民机的气动和结构力学等很多特性,不都是随特征尺度呈线性变化,对气动而言还存在大雷诺数的相似律问题。因此,机翼设计必须考虑非线性大变形柔性设计,机翼气动布局还应考虑更多的控制面。与此相对应必须进行包括大变形机翼的气弹动力学重点项目研究(见图 2.19),包括颤振、振动和抖振等计算分析和试验等关键技术研究,同时开展机翼大变形弹性影响的气动载荷研究,为新一代宽体民机研制提供技术基础。

图 2.19　大变形机翼气弹分析

6）宽体民机先进客舱设计及噪声抑制技术

为了满足旅客不断增长的更高诉求,使未来研制的宽体民机在市场中有很强的竞争力,必须以人为本地针对宽体民机客舱的特点进行更加先进的客舱设计技术研究,包括舒适健康、舱内材料、娱乐通信、安全保障、空气管理、舱内布置与环境等技术研究;另外还要特别加强舱内噪声的抑制技术研究,包括主动抑制技术研究(见图 2.20),使客舱噪声达到卓越安静状态。最终使客舱舒适性优于竞争机型水平。

7）光传操纵及主动控制技术

针对未来研制的先进宽体民机大量采用复合材料的特点,为了抵抗飞控系统因外包层是复合材料壁板而易受到雷电、电磁干扰和电磁冲击的影响,而且为了增加信息传输的数据量,紧跟目前国际的发展趋势,有

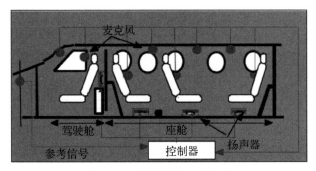

图 2.20　机体噪声主动抑制

必要开展光传操纵及主动控制技术研究,包括光传飞控系统的发射和接收端机研究,光传感器和光传作动器(伺服阀)研究,光传飞控系统的光纤数据总线研究以及多余度光传飞控系统的设计技术研究,为未来研制先进宽体民机所需的光传飞控系统奠定技术基础。

8) 高功率密度自动配电技术

未来研制的先进宽体民机由于将采用多电技术,对配电系统的性能、容错能力和可靠性将提出更高的要求,因此对电力容量需求和一、二次配电管理提出了新的课题。为了发展新一代宽体民机所需的高功率密度、高工效、低成本的自动配电系统,必须突破基于总线控制的高可靠性及容错能力的自动配电技术,包括电气负载分析技术、电气负载自动管理技术以及大功率半导体和大规模集成电路等构成的开关电器(SSPC)技术等相关技术瓶颈。

9) 宽体民机多电系统技术

为研制未来"绿色环保"的新一代宽体民机,全机将采用多电系统(图2.21),即由电力驱动代替液压、气压、机械系统和飞机的附件机匣,如采用电动环境控制系统、基于复材机翼的电加温防冰系统、电前轮转弯系统、电刹车系统、电滑行系统和飞控系统电驱动作动器等。因此有必要开展以上系统针对性的关键技术研究,为新一代宽体民机研制提供成熟的多电系统技术。

[简析]

以上提出需发展的新一代中远程宽体民机的核心技术,是根据其核心技术特征分析概括总结而得出的。此内容随论文已公开发表,但还可为专项——中远程宽体民用飞机的科技预研规划有关新一代民机科技预研重点发展领域和专项的编写提供借鉴。

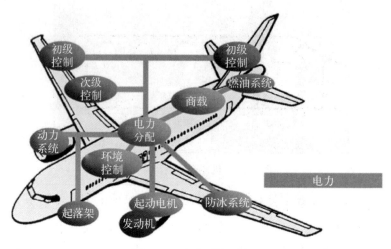

图 2.21　多电系统示意图

实例 2：响应呼唤，保持美国领先地位的航空计划[7]**中的有关高声速飞机的重点研究专项**

[示范]

定期的高超声速飞行是最后一个有待开发的航空领域，由于涉及高能、恶劣的热力学环境，这一领域极富挑战性。虽然在过去的 40 年里，高超声速技术发展取得了巨大进步，但是实现定期高超声速飞行仍有很多工作要做。然而，这些技术一旦发展成熟，将会使可运营的高超声速系统变为现实，为美国的国家需求做出重大贡献。

由于吸气式高超声速飞行器能够经济、安全地运送中小尺寸载荷进入轨道，对增加空间探索的长期前景具有很大意义，进而增强美国的科技领先地位。在国家防御和安全方面，美国空军最近针对"全球快速打击""远距打击"和"军事响应空间通道"等目标制定了任务需求，其中每一项最终都部分地与吸气式高超声速系统有关。

该技术发展计划由 16 个专门计划组成，分布在以下 4 个前沿技术领域：

（1）飞行器设计；

（2）高超声速推进；

（3）材料和结构；

（4）试验。

高超声速领域的预算和在该计划下资助的技术在表格中列出。高超声速领域的可交付成果和里程碑是建立在早期的研究成果和 NASA 成功试验的基础上,包括以下各项:

(1) 涡轮基组合式发动机(TBCC)模式转换演示地面试验;

(2) 突破性的涡轮加速器(RTA)-1 的 Ma 4+试验验证;

(3) 完成 RTA-1 风扇的阶段级平台试验;

(4) 以氢做燃料可以在 Ma 2.5~7 范围使用的发动机;

(5) TBCC 概念设计和关键部件的地面试验;

(6) 金属冷却燃烧室壁板的全尺寸试验;

(7) 在 Arcjet 环境下耐久性热防护系统的全尺寸试验;

(8) 高温轴承和密封圈的全尺寸试验;

(9) 高超声速关键技术的地面试验;

(10) 缩比演示飞行器的三次飞行试验。

[简析]

此内容为美国国家航空航天研究所(NIA)于 2005 年编写的"响应呼唤——保持美国领先地位的航空计划"所阐述的规划有关高声速飞机的重点研究专项,它书写的方式不同于国内,仅点题而已,如需了解详情还得查看其他资料,但从所列的题目中就足以窥见美国为保持领先地位,提出了非常重要的有关高声速飞机的重点研究专项。

2.4　民机预研的指导方针、发展思路以及保障措施

为确保民机预研规划中预研目的、目标的正确性和实现的可达性,在编制民机预研规划时,一般按惯例还会针对怎样制定预研目的和目标提出指导方针,以确保预研目的和目标必须落在指导方针的框架之内。指导方针必须与国家的大政方针以及国家相关产业的发展政策紧密相连,与本单位的发展方略紧紧相扣。

为确保民机预研规划中的目的和目标能够实现,所梳理的重点领域和专项预研活动能不折不扣地得以执行,在民机预研规划中还需提出宏观的发展思路,这类似于单项技术研究的技术途径,但又不同于单项技术的战术层面,主要应从顶层层面进行宏观阐述,应具有大格局和战略思维。

同样,为实现民机预研规划的预研目的和目标,开展重点领域和专项

的预研,在规划中还应不可或缺地提出保障措施,这是一切预研活动开展前必需的基础和资源保障,包括的内容有人员组织、预研经费、与预研活动有关的实验/试验设施、软件平台以及信息资源等。

实例

实例1:美国国家航空研究与发展政策[6]的指导方针

[示范]

为了保持美国航空产业的技术领先地位,美国应当遵循以下方针:

1) 航空运输对于经济的稳定和增长,以及国家安全来说是至关重要的

为满足航空运输的需要,航空产业要有足够的生产能力满足日益增长的空中旅行和运输的需要,还要有足够的灵活性和经济性适应对各类飞机的种种要求。拥有国内和世界任何地方点对点的货物和人员的空运能力,对于促进美国各个地区、各个州和整个国家的经济来说都是必不可少的。而且,美国还应与国际伙伴合作,在确保全球空运系统的互操作性上起领导作用。

2) 航空对于国家安全和国土防御来说是至关重要的

航空是《美国国家安全战略》(America's National Security Strategy)的核心内容,它可以为保卫美国的利益和克服各种国家安全挑战提供所需要的全球范围内的军事力量投送能力。同时,军队必须拥有随时无缝地利用国家航空系统保卫美国边界附近和边界以内任何地点的能力。

3) 航空安全是最重要的

每一个进入机场或登上飞机的人都希望自己是安全的。为此,必须把持续提高飞行安全性作为美国航空活动的优先项目。

4) 必须保持航空产业及其内部的安全性

飞机和航空运输系统的所有组成单元都必须在确保航空产业内部人员和货物安全的同时,确保公众的安全。

5) 美国应继续保有、依靠和发展世界级的航空人才队伍

美国航空产业的发展需要政府、工业界和院校拥有经过最高水平科学、技术、采办、运营教育和工作经验的专业人员。

6) 保障能源的可获得性和效率是航空产业发展的核心

航空必须有可靠的能源,并且这些能源应该能够有效地使飞机和航

空运输系统以经济的方式满足不断增长的需求。

7) 在保持空运增长的同时必须保护环境

在使航空运输持续增长的战略中,必须包括相应的环境保护措施。

[简析]

此内容为美国政府科学与技术政策办公室(OSTP)于 2006 年签署的《美国国家航空研究与发展政策》所阐述的遵循方针,虽然由于翻译的缘故,感觉句子不太精练,但这确实原则性地指定了实现美国国家航空研究与发展政策目的的考虑范围。

实例 2：××公司"十二五"民机科技发展规划[8]中的指导方针

[示范]

公司科技发展的指导方针是"自主创新,重点突破,支撑发展,带动产业"。

自主创新：坚持走独立自主的发展道路。以我为主,开放合作,掌握自主知识产权与核心技术能力。

重点突破：坚持有所为,有所不为,按照"主制造商-供应商"运营模式,突出总体设计、系统集成、总装制造、关键部件研制,集中资源,重点突破,掌握设计、制造、适航取证、客户服务一体化的能力。

支撑发展：坚持应用导向,追求市场实效,从型号研制和产品系列化发展的需求出发,突破技术瓶颈、夯实基石基础、开展预先研究,支撑现有型号的顺利研制和公司的可持续发展。

带动产业：依托型号研制和系列化发展,通过以原始创新为核心的自主创新,引领和促进相关产业的发展与技术升级,优化产业布局,促进经济发展方式的转变。

[简析]

此内容是专为××公司综合性的民机科技发展规划而写的指导方针,文字精练,内容明确,具有指导意义。

实例 3：民用航空科学技术研究"十二五"规划[3]的发展思路

[示范]

以科学发展观为指导思想,以"加强基础、提高能力、军民结合、跨越发展"为指导方针,实施型号牵引与技术推动相结合,以"统筹规划、协调发展;军民结合、寓军于民;注重验收、加强集成"为总体思路,紧密围绕民用飞机背景项目的需求和民用飞机技术体系的完善,突破瓶颈技术和关键技术,为型号研制提供技术支撑。同时要加大成果转化,推动技术成熟,着重工程应用,以民用飞机市场运营为最终指标,提高我国民用飞机自主研发能力、市场适应能力和可持续发展能力。

(1)统筹规划、协调发展。做好干线飞机技术与涡桨支线飞机技术、通用飞机技术、民用直升机技术的协调,做好飞机技术与发动机技术、机载技术的协调,做好民用飞机技术协调发展。要善于沟通协调,发挥民用飞机科研参研单位总体资源优势、技术专长,采用体系化战略,带动民用飞机科研水平整体提升。以未来先进客机关键技术和瓶颈技术为侧重点,兼顾涡桨支线飞机技术、民用直升机和通用飞机技术,实施重点突破,对已经突破的技术,实施体系化挖掘。必须注意研究目标的有限性,即某些关键技术研究与国际水平存在较大差距,要分析差距存在的层面,全面补课,通过持续努力和技术的阶段进步,逐渐缩小这种差距。

(2)军民结合、寓军于民。军民通用的技术,要加速向民用领域的转移,并做好适航取证工作;民用飞机预研技术成果也可向军用领域转移,实现军民技术的相互促进。要着重注意将大型军用运输机的技术向民用飞机转化,加快军用无人机技术向民用转化。

(3)注重验证、加强集成。历史上我国科研重复性、零星化现象比较严重,科研成果转化缓慢,很难将技术快速形成能力以及将能力快速形成竞争优势。当前民用飞机科研要加大演示验证研究力度,以演示验证为手段,提高系统综合、集成能力,使预研成果达到工程实用水平,实施技术应用的"直通车",为型号研发提供可选择的成熟技术。

对民用飞机不同产品类型发展中的薄弱环节和关键技术,有针对性地在涡桨飞机、直升机、通用飞机、公务机、特种飞行器和民用无人机等领域,安排一批重点项目进行重点攻关,解决民用飞机产品发展的瓶颈问题,提升我国民用飞机产品市场竞争力。

针对民用飞机科技发展中的共性技术,在总体、气动、结构强度、试飞、适航等方面,安排一系列项目并重点攻关,提升我国民用飞机技术整体水平,推动我国民用飞机产业持续发展。

强调体系化的思路。明确各技术、各型别飞机在未来发展中的定位,厘清技术、型别当前的水平和发展目标,全盘规划,使技术之间、型别之间、技术和型别之间彼此支持,彼此协调,从而推动航空体系的持久发展。

强调重大计划带动。针对我国民用飞机发展中存在的一些普遍性技术难题,在对问题进行充分研究论证的基础上,有针对性地开展若干重大技术发展计划。整合现有资源,对相近领域进行集中攻关,加速成果的工程化应用。如针对我国民用飞机科技发展的噪声和气动问题,分别开展相应计划,集中解决相应领域中的一批问题。

[简析]

此内容是专为综合性的民用航空科技发展规划而写的发展思路,文字精练,内容明确,操作性强,对科技规划发展具有指导意义。

实例4:××公司"十二五"民机科技发展规划[8]中的保障措施

[示范]

1) 加快人才的培养和引进

扎实推进人才强企战略,加快科技人才的培养和引进。为实施本规划提供人才保障,着力开展高层次科技人才培养,重点选拔和培养一批掌握核心技术、具有国际前沿水平的科技领军人才。通过型号研制、技术研发、项目合作、考察交流等方式,特别是通过重大项目联合攻关、重大工程技术改造等实践,以及广泛参与国际技术合作与交流等方式,提高科技人才的自主创新能力。

在公司五大核心领域招揽一批高水平的技术领军人才和首席专家,授权他们组建核心团队,带出一支勇于创新的科技骨干队伍,以点带面,加速人才队伍建设。打破论资排辈,鼓励创新和大胆尝试。要建立学习型组织,重视人才的职业发展。

2) 保障科技经费足额投入与稳定增长

公司的科技发展离不开国家和地方政府的资金支持。要将公司预先研究的重点项目融入国家和地方科技发展计划,以获得稳定的经费支持。同时,还要与主要供应商建立风险合作关系,带动供应商自筹资金的投入,分担科研成本。此外,还要努力增强公司科技发展的自主权和灵活性,加大公司自筹资金的力度,显著提高公司科技投入中的自筹资金比率。

针对本规划的发展内容,预计"十二五"期间需投入××亿元人民币,其中关键技术攻关××.××亿元,预先研究××.××亿元,科研基础条件平台建设××.××亿元。

3）加强国内协作和国际合作

在坚持以我为主发展民机先进技术的同时,积极开展国际合作与技术引进,并做好引进技术消化、吸收和再创新。要利用我国巨大的民机市场优势,抓住各种机遇积极开展各种形式的国际合作,为建立公司民机技术体系提供借鉴和参考。此外,还要发挥主制造商的集成优势,大力开展国内技术大协作,充分利用相关技术资源,提高技术起点,在民机技术研究领域形成一支真正的国家队。

4）加强科研项目的考核与评价

按照现代项目管理制度,建立科研项目的过程监督制度,制定科学、规范的管理程序和完善的考核评价体系。采用技术成熟度、制度成熟度等先进评价手段,客观评估科研项目的成果水平,促进科研成果的尽快转化和推广,切实服务于型号研制与产业发展。

5）构件有利于创新的文化环境

确立崇尚创新、鼓励创新、欣赏创新、支持创新的企业价值观。倡导拼搏进取、自觉奉献的爱国精神;求真务实、勇于探索的科学精神;团结协作、淡泊名利的团队精神。加强民机新概念、新思想、新方法的探索研究,以设立公司科技创新专项等多种形式,鼓励和培育科技人员的创新思维,营造宽松、灵活的创新环境。重视民机的技术创新研究,保障开展民机技术创新活动所需要的科研手段和资源。

[简析]

此内容是专为××公司综合性的民机科技发展规划而写的保障措施,文字精练,内容明确,为实现民机科技发展目标提出了所需的具体保障措施。

参考文献

［1］　徐敏.中国商飞未来民机产品及技术发展研讨会[C].2015.

［2］　徐敏.我国发展新一代中远程宽体民用飞机之我见[J].民用飞机设计与研究,2011,1:1-2.

［3］　徐敏.发展我国高技术产品——倾转旋翼机[C].国家高技术航天航空技术领域第三届青年学术研讨会论文集,2002:590.

［4］　××工业.民用航空科学技术研究十二五规划,2009.

［5］ ××公司."十二五"民机预研规划,2009.

［6］ 美国政府科学与技术政策办公室(OSTP)等.美国国家航空研究与发展政策［R].2006.

［7］ 美国国家航空航天研究所(NIA).响应呼唤——保持美国领先地位的航空计划［R].2005.

［8］ ××公司."十二五"民机科技发展规划,2009.

3 民机专项预研的项目指南编写

> "在认识的过程中,战术决定战略,在实践的过程中,战略决定战术。"
>
> ——毛泽东《毛泽东选集》

民机专项预研的项目指南由国家主管机关根据民机科技预研规划组织行业内专家,在确定年度预研重点领域和专题后进行编写,以作为相关行业单位组织开展预研专题项目的论证、申报、评估和审批的依据。

为了编写好民机专项预研的项目指南,并且能够很好地指导民机专项预研的申请和实施,突破民机专项预研瓶颈技术,攻克民机专项预研技术难关,以使获得的预研成果在相当长的时间内能够为民机产品研制提供技术基础或技术支撑。在编写项目指南时必须关注如下五个方面:

(1) 符合性:项目指南应符合民机科技预研规划的重点研究方向,并在科技预研规划研究领域和专题范畴之内。

(2) 新颖性:项目指南拟定的研究专项不曾研究过,在国内应归属于新的科技领域和专题,或者如(3)中所述。

(3) 先进性:项目指南所列的专项研究目标在国家层面具有更高的技术先进性,甚至具有一定的国际先进性。

(4) 实用性:对于基础研究类专项,研究成果可为应用研究提供技术基础;对于应用研究类专项,研究成果可直接为拟定的未来民机产品研制提供技术支撑。

(5) 可达性:项目指南所列专项的研究目标在一定的周期内和一定的经费可控范围内,利用已有的研究资源,经过努力研究和技术攻关预计能够实现。

一般而言,项目指南包括的内容有:项目名称、项目背景、项目目标及技术指标、工作描述、预期成果、研究周期、资质和条件以及发布对象等。为确保所编写民机预研专项的项目指南能满足上述"五性"要求,应具体做到:① 项目名称应准确,题意表达不能含糊,不易产生歧义,而且应满足符合性、新颖性或先进性要求;② 项目背景中,应通过言简意赅的阐述,进一步为专项科研的必要性,即新颖性或先进性提供佐证;③ 项目研究目标及技术指标中,应通过清晰的研究目标描述和具体典型的量化指标提出能体现出先进性的要求。另外,为实现预研目标的先进性,还必然要对研究的资质和条件以及发布的对象提出要求;④ 工作描述中,通过对大致研究内容和技术思路、技术途径的阐述,在给定的研究周期以及一定的心理预计研究经费(近期的项目指南研究经费已不显现写出)框架之内表达此专项可以实现研究目标;⑤ 预期成果应清晰,且能满足实用性要求。

　　编写项目指南时还应特别关注并加以避免:如果项目指南中民机专项的研究目标和技术指标定得太高,或技术思路与技术途径不合适,或周期太长等条件不成熟,指定的民机专项预研就无法执行,研究的目标和技术指标也根本无法实现。结果就是此民机专项的项目指南编写就不算成功,主管机关审定也肯定不予通过,当然也就不会予以发布。

实例 1:"民机气动力学验证模型数据库研发"项目指南

[示范]

1) 项目背景

　　飞机设计需要参考大量的历史基础数据,开发高效、高可信度的风洞试验技术和 CFD 工具,也需要完备的标准模型和风洞试验数据库作为验证手段。由于型号数据的敏感性和特殊性,使其不能被全行业所共享,大量的基础研究和方法研究仍然只能依靠国际上公布的零星数据,严重阻碍了我国民用飞机设计技术的发展。"十二五"期间,通过民机科研项目和创新基金支持,我国研发了具有优异气动性能的空气动力学气动验证模型,并积累了一定马赫数的初级实验数据库,收到了初步的效果。在该模型的基础上,重点针对阻力蠕升、阻力发散、自由转捩、局部流动分离和低速性能等现象进一步开展研究工作,建立完备的纵向气动特性国家级数据库,对我国民机行业具有重要的科学意义和引领价值。

2) 项目目标及技术指标

　　项目目标:通过先进民用飞机气动布局设计、风洞试验模型加工、风洞试验和数据整理等系列工作,形成气动力学模型及气动特性数据库,为CFD软件开发和新风洞建设提供校验数据。

技术指标:气动布局方案巡航马赫数不小于0.85;风洞试验模型既能测量气动力系数也能测量机翼压力系数;风洞尺寸为2米量级,试验雷诺数达到4.5M量级,试验马赫数覆盖0.2～0.9范围;数据库内容覆盖干净构型、增升装置和舵面效率的完整纵向气动特性,包括测力数据、测压数据、转捩信息、表面彩色油流图片、机翼变形数据和支撑系统干扰数据。

3)工作描述

(1)核心研究内容。

先进民用飞机气动布局完善设计、低速构型设计、风洞试验模型设计与加工、风洞试验和数据库构建。

(2)研究思路或途径。

以空气动力学气动验证模型为基础,保证研究对象具有现代高性能民用飞机和CFD验证共有的气动特征和设计需求;综合考虑气动布局、试验要求和试验条件,确定风洞模型方案;精心设计和加工模型,在同一模型上同步实现测力、测压试验、测模型变形和流动转捩;选择国际高品质风洞进行试验,确保试验数据质量;通过CFD工具校验应用等形式提升数据库应用品质;对试验数据进行整理和组织,进行数据库开发和测试。

(3)考核验证方式。

对标模气动性能、吹风模型、吹风状态、测量数据和标模数据库的评审及应用。

4)预期成果

先进民用飞机气动布局,以技术报告和数模方式提供;风洞试验模型,以实物方式提供;民机空气动力学验证模型国家数据库,以数据库形式提供。

5)研究周期

36个月。

6)资质和条件

项目承担单位应具有气动设计、CFD工具和数据库开发应用及风洞试验团队,具有开发 Ma 为0.85量级的气动验证模型及基础数据库的成功经验和前期基础。项目负责人应具有民机气动设计经验、CFD工具研究应用和组织验证模型风洞试验经验，以及组织国际合作和 CFD–风洞相关性研究的经验。

7）发布对象

定向发布。

[简析]

此项目指南针对的是民机气动力学验证模型数据库研发，题意清晰，而且通过项目背景言简意赅的表述，明确了建立气动力学验证模型数据库的必要性。同时编写过程中也基本满足了"五性"的要求：

（1）符合性：由于民机专项研究刚启动不久（针对当时），此项目指南符合民机科技预研规划的重点研究方向，并在科技预研规划研究领域和专题范畴之内。

（2）新颖性：当时此专项不曾研究过，在国内归属于新的科技领域和专题。

（3）先进性：当时此专项研究目标在国家层面具有最高的技术先进性。

（4）实用性：研究成果，即民机气动力学验证模型数据库可直接为后期民机产品的研制提供了技术支撑。

（5）可达性：此专项的研究目标在规定的周期内和一定的经费（根据以往工作数据得出的心理价位）可控范围内，采取简述研究思路所包含丰富的技术途径，并利用已有的研究资源，经过努力研究和技术攻关预计能够实现。

为保证此专项研究的高起点，项目指南还确定了承接此项目的资质条件和发布对象。

实例 2：民机复材翼吊机翼结构关键技术集成验证

[示范]

1）项目背景

大量采用先进复合材料是提高我国民机性能、降低成本和提高竞争力的必由途径之一。应用复合材料主承力结构（如机翼、机身等）是实现飞机大规模使用复合材料的关键。我国通过军机和民机复合材料技术研究、型号研制和技术攻关，已经形成了一定的复合材料研制能力与技术储备。近年来从事民用飞机研发和生产的科研院所和制造厂，通过大型飞机研制和转包生产业务相继建设和即将投入一些先进的设计、制造、试验基础设施和软硬件环境,已能满足大型民机的研发能力需求。但尚未攻克大型民机复合材料机翼主结构应用关键技术,综合考虑我国民机现有和未来型号研制和发展的需求,急需开展技术研究。

2) 项目目标及技术指标

充分利用我国军机研制以及前期民机预研课题的研究成果,以远程宽体客机机翼翼盒为需求牵引,汇集已有结构设计/材料/制造技术,并以此牵引相应的关键技术研究。依照民机选材程序选用材料,采用成熟度较高的国产和进口碳纤维与树脂基体材料;研究并突破热固性树脂基复合材料机翼翼盒结构所需的设计分析、制造工艺、试验验证等关键技术;完成机翼翼盒关键技术集成综合验证,为研制复合材料宽体客机机翼翼盒提供支持。

技术指标:

(1) 突破复合材料宽体客机机翼翼盒的设计、分析、制造和试验的关键技术,形成机翼翼盒研制技术体系。

(2) 结构重量比目标飞机降低10%,全寿命成本不高于目标飞机。

(3) 实现经济服役寿命90 000飞行小时/30年。

(4) 完成复合材料机翼(含中央翼)典型全尺寸试验件的制造与综合集成验证。

3) 研究内容

以××民机机翼为对象,开展民机复合材料机翼翼盒结构设计、制造与验证技术研究,形成设计、制造、检测、试验技术体系。具体内容如下:

(1) 开展金属机翼翼盒与复合材料机翼翼盒重量、费用权衡分析。

(2) 建立材料体系。

(3) 开展复合材料翼盒设计与分析(包括机翼气动弹性剪裁设计,机翼整体油箱耐油、防暴、防静电、防雷击设计等)关键技术的研究。

(4) 翼盒制造(包括采用复合材料结构件自动制孔等):一件工艺件,两件强度验证件。

(5) 开展静力试验及损伤容限试验等。

(6) 完成关键技术集成综合验证,提炼一套复合材料机翼翼盒研制技术体系。

4) 预期成果

适用于民机复合材料机翼翼盒结构研制的基础与关键技术体系,包括设计与验证指南,材料体系规范,制造、工艺规范,典型试验件、样件、工装样件等。

5) 研究(制)周期

60 个月。

6) 资质和条件

项目承担单位应具有大型飞机研发设计队伍和设计能力,承担过大型复合材料部件的设计、制造和试验,具备复合材料机翼翼盒结构研发经验及相关的软硬件设施。

项目负责人具有复合材料结构研制或研究经历,项目成员具备复合材料部件的研制经验。优先选择承担过大型飞机复合材料结构设计工作的单位。

7) 发布对象

定向发布。

[简析]

此项目指南针对的是民机复材翼吊机翼结构关键技术集成验证,题意清晰,而且通过项目背景言简意赅的表述,明确了开展复材翼吊机翼结构关键技术研究的必要性。同时编写过程中也基本满足了"四性(少了新颖性)"的要求:

(1) 符合性:由于民机专项研究刚启动不久(针对当时),此项目指南符合民机科技预研规划的重点研究方向,并在科技预研规划研究领域和专题范畴之内。

(2) 先进性:表明此专项研究目标在当时国家层面具有最高的技术先进性。但从目前适航技术要求看,第(3)条技术指标又值得商榷。

(3) 实用性:研究成果,即民机复合材料机翼翼盒结构研制的基础与关键技术体系,包括设计与验证指南,材料体系规范,制造、工艺规范,典型试验件、样件、工装样件等可直接为后期民机产品的研制提供了技术支撑。

(4) 可达性:此专项的研究目标在规定的周期内和一定的经费(根据以往工作数据得出的心理价位)可控范围内,采取简述的研究内容所包含丰富的技术途径,并利用已有的研究资源,经过努力研究和技术攻关预计能够实现。

　　为保证此专项研究的高起点,项目指南还给定了承接此项目的资质条件和发布对象。

4 民机专项预研申请即技术研究建议书编写

> "实际上,人类解决问题的需要,才是推动人们重新结合现有技术,进而促进新一代技术出现的动力。"
>
> ——布莱恩·阿瑟《技术的本质》

为了通过开展民机技术研究以实现掌握民机先进研发技术的目的,拟作为牵头的责任单位应申请国家的民机专项预研,民用飞机专项预研技术研究建议书的编写必不可少,而且还需经过国家主管机关委托的第三方咨询专家组评审,按评审分数高低决定是否有资格拿到国家的民机预研专项研究经费。由于第三方咨询专家组评审基本是背靠背进行,申报者没有答辩的机会,从某种意义讲,技术研究建议书编写的好坏、能否打动咨询专家组是直接影响可否"中标"的关键。

在编写技术研究建议书之前有两件事申请者需要想清楚:① 为什么要申请国家民机专项预研,即对照国家主管机关发布的民机专项预研项目指南,再根据本单位的定位,最终确定是否需要申请已发布对应民机专项项目指南的国家民机专项预研。申请民机专项预研将对本单位,乃至对国家的民机事业会产生什么样的重大影响以及什么样的重大意义。② 根据本单位在国家层面的能力确定作为牵头责任单位主申报民机专项预研为好还是作为参与者与其他单位共同申报为好。

在想清楚并决定作为牵头责任单位主申报民机专项预研后,接着就要弄清楚编写技术研究建议书的目的是什么。在这可言简意赅地告知:那就是通过以文字表达的方式(适当可加些图表等)清晰地告诉国家主管机关及第三方咨询专家组为什么要作为牵头责任单位主申报国家民机专项预研,也就是坊间俗称的"讲好故事",但切忌这不是一般文学作品中的故事,而是真真切切客观存在的、不需任何修饰地讲好为何需突破民机瓶颈技术和攻克民机关键技术将会发生的"真人真事的故事"。实际上,技术研究建议书的格式就是为讲清楚为什么要申请国家民机专项预研而制作的,特别是格式中的第一要点——立项的目的和意义就是讲好故事的核心。

技术研究建议书主要包括如下要点:① 立项的目的和意义,其中含:项目的背景,国内外发展现状和趋势,项目研究的意义等;② 研究目标和主要技术指标;③ 研究方案,其中含:项目的基本定义,总体研究方案,主要研究专题等;④ 关键技术及解决途径;⑤ 预期成果及效益,其中含:目标和主要技术指标考核方式,成果及成果形式,应用方向、前景和效益等;⑥ 知识产权分析,其中含:国内外相关知识产权分析,本项目知识产权归属及应用等;⑦ 基本条件,其中含:项目负责人基本条件,项目申报单位基本条件,项目参研单位基本条件等;⑧ 项目组织及基本任务初步分工;⑨ 研究周期及进度安排;⑩ 总经费概算;⑪ 风险分析及对策,其中含:技术风险,进度风险,财务风险,资源风险等。

值得注意的是,在编写技术研究建议书时还应特别关注所写的内容与民机专项项目指南的符合度,特别是基本概念不能有偏差,研究的目标、技术指标是否达到甚至高于项目指南的要求,这在技术研究建议书评审时占了约15%的分值。这就要求在编写建议书之前必须了解国家主管机关发布项目指南的内在含义,尤其是非本单位专家编写的项目指南,对项目指南中内涵的理解绝对不能有歧义,项目指南中的研究目标和技术指标必须非常清楚,甚至提出研究目标和技术指标的背景来源以及所含的更深一层内涵都得搞清楚,决不能在没搞清楚其本意之前就机械地照抄项目指南中的研究目标和技术指标。

4.1　立项目的和意义

"立项背景和意义"是讲好为什么(WHY)要申请开展此民机专项预研这一"故事"的关键。在项目指南中为了引出对应项目名称的民机专项预研,会在项目背景中提纲挈领地做点概述。但要打动国家主管机关和第三方咨询专家组,特别是为何需本单位作为牵头责任单位主申报指定的民机专项预研,必须针对有关项目的背景、国内外发展现状和趋势、项目研究的意义等方面的编写下足功夫:① 写明白开展此专项预研应解决什么问题,目的是什么,阐述清楚开展此专项预研的背景来源,以至对此民机专项预研的内涵不会产生歧义;② 写清楚此民机专项预研国内和国外的技术发展现状以及未来的发展趋势。在此应特别清晰地找准我国与国际先进技术水平的差距以及我国发展未来民机型号产品仍存在的技术短板,其目的就是要引导出我国开展此民机专项预研需突破技术瓶颈和攻克技术难关的方向;③ 展望开展此民机专项预研的成功对本单位乃至对我国的民机产业发展将产生的重大影响,以及推动我国乃至国际民机技术发展的重大意义。

实例:"民机驾驶舱人机工效评估及设计技术研究"建议书中的立项目的和意义

[示范]

1) 项目背景

"民机驾驶舱人机工效评估及设计技术研究"涉及民用飞机驾驶舱人机工效评估及设计准则、多因素综合评估仿真、试验验证技术等。国外通过多年的民用飞机技术研究和型号研制经验积累形成了满足适航要求且风格独特的民用飞机驾驶舱人机工效评估及操纵设计系统。在我国大型客机研制过程中,我们发现单纯地从点上解决驾驶舱中的人机工效问题,很难满足大型客机驾驶舱中与人相关的适航要求,必须以系统的观点分析和研究问题,同时注重积累,才有可能经过一段长时间的努力,使我们的技术水平与国外先进水平持平,为形成中国特色的民用飞机驾驶舱设计理念与设计系统提供支持。

本项目的研究目的就是立足我国民机的研制需求,根据其设计特点,将工效学的理念、原则、方法等贯彻到各个环节,建立一套切实可用的民机驾驶舱人机工效设计准则和方法、民机驾驶舱安全性设计要求、民机驾驶舱人机工效设计评估指标体系以及民机飞行员姿态库,并将相关内容通过民机驾驶舱人机工效综合设计与评估软件以及民机驾驶舱人机工效仿真平台进行体现。为未来民机驾驶舱总体布局、显示格式、驾驶操纵和控制、驾驶员作业负荷评价及预测等方面的设计提供理论和试验依据。

××研究院创建于20世纪70年代,曾从事了三十多年的喷气式民机的设计研发工作,完成了国家大量民用飞机科研与型号设计任务:成功地设计了我国第一架大型干线客机——运10飞机；与××公司联合设计了运8气密型飞机；全程参加了美国××公司超高涵技术任务及国际合作项目，出色地完成了中美合作生产的××架 MD-82/83 和×架 MD-90 干线客机的联络工程和适航任务。21世纪初又通过新支线客机和大型客机型号的研制培养了具有相当技术基础的专业技术人才，建立了国内一流的系统综合试验室，这些都为××研究院承担本项目的研究工作创造了一定的条件。针对本项目，××研究院计划用4年时间，联合国内前沿研究单位，引进必要的软硬件设施，开展人机工效专项和系统研究，形成一套可用于指导民机驾驶舱设计的人机工效设计规范和准则，建立可用于民机驾驶舱人机工效评价用的软件平台和初级模拟试验平台，待研究成功并取得成果后将直接转化应用到型号的设计研制中，在设计过程中进行"应用—提出问题—改进—应用"的迭代过程，完善软件系统，为我国民机驾驶舱设计中的设计思想、总体布局、负荷分析等提供技术支撑。

2）国内外发展现状和趋势

（1）国外发展现状及趋势。

工效分析可帮助设计人员了解和确定飞行员情况，更好地利用人的技能品质减少操作失误，简化飞行操作。以波音和空客公司为例，人机工效的设计理念和准则都是从飞机设计的最顶层介入，并且在设计各个节点都利用其软、硬件平台进行人机工效的分析与评价。1988年，美国航空安全研究法要求 FAA 从长期计划基金中拨出 15% 用于工效研究。美国航空运输协会工作小组认为引入工效分析与评价技术，会使人为差错造成的失事和事故减少 50%。波音、空客等公司在可靠性维修性设计中也都采用了工效分析技术。其中新式人机工效设计理念在 B777 客机的设计中获得了极大成功，包括在新型驾驶舱中引入的鼠标控制的输入方式，在照明设计、遮光罩设计、色彩的选用、美学和耐久性设计、驾驶员安全保护及减少疲劳、间隙填充和流线型设计等方面都令人赏心悦目。B777 是一架成功的应用人机工效方法设计的飞机。此外，近期研制的空客 A380 飞机的驾驶舱更是体现了以人为本的指导思想，在显示、操纵设备布置等方面采用了大量人机工效研究成果，取得了良好的效益。

在驾驶舱人机工效设计过程中，采用的评估方法主要有：建模法、早期模拟舱验证法、实验法、试飞验证法等。

a. 建模法:

计算机辅助设计(CAD)技术的应用已经使飞机(波音、空客公司)设计基本实现了无纸化。工效学专家利用了 CAD 内嵌式三维人体模型和人体测量数据(主要采用了美国、欧洲和日本人口数据)等对驾驶舱布局和工作空间进行了可达性和可视性等工效学评价,采用人体测量和生物力学等建模手段评价了飞行员撞击生存性从 9g 提高到 16g 的要求、座椅舒适性以及头部负伤等标准,还采用客观生理心理测量和主观评价指标建立了驾驶舱人机系统综合评价体系及其对飞行员工作负荷影响的模型。

b. 早期模拟舱验证:

通过工效学实验筛选人机界面设计概念,然后在模拟舱中加以验证。模拟舱主要提供了以下功能:物理仿真(如仪表板布局评价);视觉仿真(如舱外视觉验证);动态仿真(如过载体验);认知仿真(如情景意识实验)和全任务仿真(如在各种飞行阶段中对某系统的综合评价)。早期模拟舱验证既为用户评价和工效学实验提供了有效的平台,也为提高项目初期设计决策的准确性,减少项目后期因设计方案的改变而带来的损失提供了保证。

c. 实验法:

通过以行为研究为特征的工效学实验法为工效学实践提供基本手段。在专用实验室或模拟舱中通过让飞行员在各种控制条件下完成特定的作业来获取各种指标数据,而这些数据为设计决策提供了有效的实验依据。

d. 试飞验证法:

在工效学试飞中,工效学专家在全天候条件下核实人机界面的设计符合认证规范要求,发现问题即立即采取手段来降低认证风险。在 FAA 飞行认证时,工效学专家一般采用实验报告和答辩形式通过 FAA 的分析认证,并向 FAA 认证飞行员展示了其人机界面设计符合认证规范的要求。

随着航空技术的发展,驾驶舱有关工效的要求也越来越多,为了使飞行员安全、舒适并尽可能地降低事故发生率,工效学的研究内容也越来越广泛和深入。

(2) 国内发展现状及趋势。

相比于发达国家,我国的人机工效学研究起步较晚,直到 20 世纪 80

年代,才有少量和零星的开展。1980 年 4 月,国家标准局成立了全国人类工效学标准化技术委员会,统一规划、研究和审议全国范围有关人类工效学的基础标准的制定。1989 年又成立了中国人类工效学学会。上述机构的设立有力地推动了我国人机工效学的研究。

20 世纪 90 年代初,××航空航天大学、××工业大学、××航空航天大学等单位分别从不同角度对人机工效学的不同领域开展了研究。××航空航天大学开发了某机座舱模型和驾驶员人体模型,并对座舱的可达域和视域建模方面进行了研究;××工业大学近年来参与了国内多个型号的人机工效顶层论证与设计工作,建立了多种机型人机工效设计准则、方法体系和相应的评估理论和方法,以及适用于多种机型设计与评估的人体模型,开发了可用于驾驶舱人机工效快速设计与评估的软件系统,建成了可进行飞行员认知水平、操纵能力研究的半物理仿真平台,在虚拟维修人机工效仿真验证,民机客舱应急撤离,驾驶舱通风窗密封淋雨实验等方面进行了广泛深入的研究,具备了开展驾驶舱人机工效研究的能力;××航空航天大学针对新支线客机和大型客机驾驶舱工效,以人体测量学理论、人体数据国家标准、中国人解剖学数值为依据,在工效设计基础理论、虚拟驾驶工效分析与评估方法、人机工效仿真技术等方面进行了研究,建立了人体尺寸数据库,开发了以 C++Builder 为编辑环境,面向工业设计的参数化人体模型生成系统,开发了人体动作库,研究了民机工效设计分析与评价基本方法,确立了民机工效设计分析与评价框架体系。某医学研究所近年来结合飞机的研制和使用,在飞机座舱显示-控制方面开展了一系列工效学应用研究,并在视觉显示、听觉显示和操纵控制工效方面取得了一定进展,其中驾驶舱布局设计、驾驶舱人机工效标准研究等方面研究较快,已取得大量成果,并应用到型号设计中。

总体而言,我国民机工效研究尚处于起步和探索阶段,与国外先进水平相比,无论在基础理论研究、试验技术和工程实践应用方面都存在很大差距,诸多问题亟待研究和解决。

3)项目研究的意义

民机发展是我国战略性产业发展计划之一,是推动国家科技进步、提高民族自信心的重要举措。发展民机必将会面临许多需要攻克的关键技术,驾驶舱人机工效技术就是非常关键的技术之一。由于国内外人种、习俗、文化、环境等因素的显著不同,在驾驶舱"以人为核心"的设计理念中,就体现出了重大的差异性,这种差异性决定了照搬照抄国外的设计方法绝不可行,必须开展具有自主知识产权的适合中国特色和人种的驾驶舱人机工效设计技术。

本项目的研究对提高我国民机驾驶舱的研制能力、缩小我国民用飞机驾驶舱人机工效设计技术与民机研制先进国家的整体差距具有重要的现实意义。

[简析]

本建议书花了一定笔墨努力写清"民机驾驶舱人机工效评估及设计技术研究"的立项目的和意义,这是说好申请此项目"故事"的根本。首先在第一段项目背景中写了目前国际开展民机驾驶舱人机工效评估及设计技术研究具有的好处,接着写了我国民机设计有关此技术的对比差距,以及开展此技术研究对我国民机研发将会起着什么作用。最后写了本单位目前存在的技术实力以及开展此项目的初步设想,这也是为本课题团队可以开展本项目研究提供能力的佐证。接着在第二段稍微详细地阐述了国内外在民机驾驶舱人机工效方面的研究历史和现状,并做了更加具体的对比。最后第三段写了开展此项目研究将会对民机发展有什么重要意义,又回到了说好"故事"的初心。

当然,为了能让"故事"更加打动评审组专家和国家主管机关,内容充实的素材还可再多些,条理还可再清晰些,文字书写和段落处理还可更好些。

4.2 研究内容与技术方案

"研究内容与技术方案"是技术研究建议书中的重点,也是第三方咨询专家组评审打分占比的重点(专家评审一般分数占比约55%),包括建议书中的主要研究内容与关键技术(专家评审分数约占比15%),初步技术方案与技术途径(专家评审分数约占比15%),研究成果及推广(专家评审分数约占比15%),经费预算与资金筹措(专家评审分数约占比5%),研究周期及进度安排(专家评审分数约占比5%)。通过对重点内容的详细阐述,让国家主管机关和第三方咨询专家组了解主申报者整体的研究思路是否清楚,总体技术方案是否可行。当然,如果建议书获得批复,更加详细的研究技术方案和技术途径将在任务书中描述。

因此,技术研究建议书编写时必须清晰地给出:① 研究目标和技术指标应达到或超过项目指南的要求，而且应明白技术指标是作为实现研究目标的具体量化体现。针对应用研究（见前言中的定义）之后阶段的预研，技术指标不能只是定性的描述，必须要有参数的具体量化，而且最好还应是项目指南技术指标具体量化的再分解。② 围绕实现研究目标和对应技术指标的研究内容应匹配正确，从研究内容中提取的关键技术应准确到位，这就要求对原有的技术基础有非常清楚地掌握，从某种意义讲，项目申报单位之前就应有从事过相关工作的技术基础。③ 描述实施民机专项预研的研究技术方案和途径逻辑可行，而且技术方案应体现出先进性，绝不能在已有的技术方案上低水平地重复，技术水平通过技术指标的具体量化体现应超过目前的专业和工业水平，并具有一定的国际先进性。④ 研究成果应与研究目标一一对应，成果形式必须真正合理地反映出成果的具体承载物化形式，而且研究成果可推广应用于民机产品研制（对于应用研究而言）或具有潜在影响力，即奠定技术基础（对于基础研究而言）。⑤ 经费预算与资金筹措应严格按照国家财政部等规定进行测算，而且应与专项预研内容非常匹配。为了使经费预算与资金筹措合理，最好应将经费根据不同的研究内容再细化分解直到第三方咨询专家完全了如指掌为止，以说明本经费预算与资金筹措非常规范、合理，而且还表明在未来使用国家经费时将会精打细算。⑥ 研究周期及进度安排应根据研究内容的逻辑关系，采取串行、并行共用的方式合理安排，使研究内容安排既任务饱满，又富有一定弹性。在中期阶段最好还应安排里程碑式的节点，以便国家主管机关的检查和调整。

特别再强调一点，成果形式针对预研不同阶段[1]的特点一般也不尽相同。如：① 基础研究阶段。这类研究工作的特点是认识基本物理过程的性质，扩大知识范围，为新原理、新概念和新方法等在日后应用寻求科学依据。这类工作一般为远期（10 年左右）项目，不要求直接解决当前和近期特定应用问题，其主旨是解决科学问题，奠定理论基础。研究成果一般以书面形式（科学论文或论著之类）发表。② 应用研究阶段。这类研究工作大多为中期（5 年左右）项目，带有明确的解决问题的目标，但研究对象一般不涉及特定系统，通用性较强，其主旨是解决技术问题，奠定技术基础。研究成果除书面成果形式外，还有试验用的元部件等实物样品。③ 先期技术发展阶段。主要开发供试验用的新技术项目（多为部件或分系统），并通过实物试验或演示，验证新技术项目在装备研制中的可行性和经济性。这类研究一般属近期项目或可能具有型号研制背景的项目，但尚未进入正式研制阶段，是从"技术基础"通向型号研制的桥梁，先期技术演示是先期技术发展的核心任务，其主旨是验证预研成果的成熟性和实用性，以确保向型号制造商输送成熟的技术。

实例："民机结冰及失速特性研究"建议书中的研究目标、技术指标、研究内容及关键技术

[示范]

1) 研究目标

（1）认识过冷水滴/云雾在飞机流场中的运动过程、过冷水在飞机表面流动-相变的传热传质规律，发展相应的物理模型；认知民机结冰涉及的复杂流动特性及其气动特性影响原理；

（2）发展完善适用于民机结冰冰形的数值模拟方法，建立预测民机结冰失速特性影响的高精度计算方法；

（3）建立民机结冰安全的综合评价方法和试验验证方法，形成结冰试验验证的方案、流程和规范，为民机结冰适航取证工作的科学统筹安排提供理论指导。

2) 主要技术指标

（1）建立的民机结冰数值模拟方法及软件，能够模拟过冷水滴直径 $10 \sim 500\ \mu m$ 的霜冰及光冰结冰冰形；

（2）建立的一套民机典型冰形对气动特性影响的高精度数值模拟计算方法，能够准确预测流向冰、羊角冰对民机气动特性的影响，与试验结果相比，最大升力系数以及失速攻角差量不超过 10%；

（3）开发的民机典型冰形对失速特性影响的数值预测方法，具备定性分析民机结冰后失速特性影响的能力，与试验结果相比，失速特性趋势一致。

3) 研究方案

（1）项目的基本定义。

本项目主要考虑民机的结冰适航安全问题，发展相关的结冰和气动模拟算法，分析民机在结冰条件下的失速特性，建立民机结冰试验验证方法。

主要研究领域在民机适航条例、流体力学和热力学、空气动力学、飞行力学。

（2）总体研究方案。

基于国内外飞机结冰及其气动特性影响研究的发展趋势，我国面向适航要求的民机结冰及其气动特性影响的研究关键集中在以下方面：

a. 如何正确地描述飞行中多尺度水滴的运动过程、撞击壁面的动力学特征以及与壁面发生传热传质并最终相变结冰的特征，以至能建立相应的物理模型，达到认知结冰，特别是异常结冰对气动特性影响原理的目的。

b. 如何根据多尺度水滴运动、撞击及相变动力学、热力学模型，开发多尺度水滴结冰数值模拟软件，以至能预测民机结冰后复杂流场计算原理，达到建立适用于有效评价民机飞行性能，特别是失速特性的计算方法的目的。

c. 如何正确地解读民机适航条款，如何将适航条款转换成结冰设计的需求和思路，以及如何验证相关的工具、方法、流程。

为此，基于民机结冰安全保障和适航条例需求，按照结冰预测、气动特性影响以及试验验证三个层次，本项目提炼出以下四个需要解决的任务：

a. 过冷水滴/云雾在民机流场中的运动学、动力学以及热力学模型及预测方法。

b. 典型结冰冰形对民机气动特性影响原理及预测方法。

c. 典型结冰冰形对民机失速特性影响预测方法。

d. 验证预测方法的相应试验验证技术。

基于提出的四个任务，将项目设置为四个专题开展研究，分别从民机结冰预测、带冰气动特性影响分析、结冰后失速特性分析和结冰试验验证四个方面，通过数值模拟与试验相结合的方法开展研究，实现总体目标。最终达到建立适用于民机结冰适航取证工作的冰形预测理论和数值模拟方法，掌握结冰对民机气动特性特别是失速特性的影响规律，为民机飞行安全和适航验证提供技术支撑，最终建立结冰适航取证技术体系的目的。

根据以上研究任务，设置本课题主要研究内容如下：

a. 过冷水滴/云雾在民机流场中的运动学、动力学以及热力学建模及预测方法研究。

b. 典型结冰冰形对民机气动特性影响原理研究及预测方法研究。

c. 典型冰形对失速特性影响数值预测方法研究。

d. 验证预测方法的相应试验验证技术研究。

本研究的技术难点为民机结冰过程的多尺度模拟方法、结冰导致的复杂流动特征模拟方法以及结冰试验验证。解决这三个关键问题的技术总体框架如图 4.1 所示,对三项关键问题逐项表述如下:

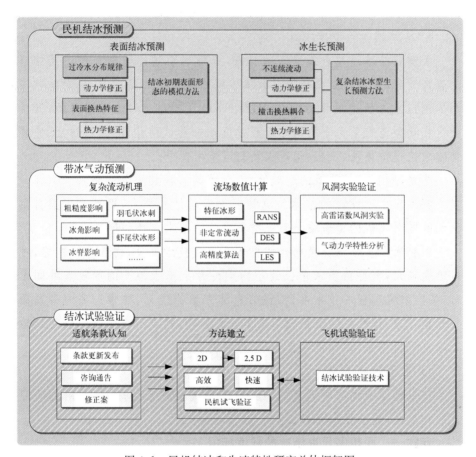

图 4.1　民机结冰和失速特性研究总体框架图

a. 民机结冰过程的多尺度模拟方法。

按照基础理论,将飞机结冰全过程根据时间分为两个阶段,关注飞机结冰初期和积冰两个阶段中影响飞机结冰过程的关键因素和结冰过程中的相变演化特征,并分别进行模拟方法研究。结合对结冰机理的理解、分析及对比,构建或发展相应的物理模型,寻求更加精细的多尺度模拟方法,形成更适用于飞机结冰的高精度的数值模拟方法。

b. 结冰导致的复杂流动特征。

采用数值模拟与试验相结合的方法,研究结冰导致的复杂流动特征。在数值方面,采用 RANS、LES、DES 等不同层次的数值模拟方法,开展结冰导致复杂非定常流动的高效、高精度计算方法的对比研究。在试验方面,选取典型结冰几何外形特征,开展风洞试验研究。使用时间解析 PIV 技术测量翼面绕流流场,得到冰形对气动力全局分布、边界层转捩位置等的影响特征。通过对比分析,确保数据的可靠性和有效性。

c. 结冰试验验证技术。

了解各结冰适航条款发布的背景,正确解读结冰适航条款以及相应的咨询通告,将适航条款转换成数值模拟需求。在此基础上,针对结冰多尺度模拟方法研究成果,结合 ARJ21 - 700 飞机结冰适航取证经验,开展民机在典型适航条件下的结冰过程数值模拟及试验验证,逐步建立、完善结冰数值模拟方法、流程、规范以及验证技术体系。

总之,项目对于民机的适航性、安全性具有极其重要的意义。它将开发可实际应用于设计的结冰预测和带冰气动计算平台,更可为我国自主研制的民用飞机的适航安全验证提供充分的技术支持和理论支持。

项目属于多学科交叉融合的科学研究及技术开发,内容十分丰富,技术难度较大,需要由多家单位的不同学科专家基于不同的侧重点共同参与,按照系统工程的技术原则,做好总体方案的规划,科学合理地设置项目专题,并构建有机的项目分工合作系统架构,确定科学的工作进程及输入输出逻辑关系,以保证项目高效、顺利的实施。

4) 主要研究专题

按专题逐项说明研究目的、任务、需解决的技术问题、拟采用的研究方法和途径,提出预期目标。

专题一 民机多尺度结冰的数值模拟

针对飞机结冰现象,集中发展适用于飞机结冰数值模拟的水滴运动、水滴撞击特性和水层对流换热模型。在经典理论框架的基础上改进和发展算法,保证在多尺度结冰环境下的计算准确度。

(1) 水滴运动与流场耦合计算模块。

以多尺度结冰条件为研究背景,研究水滴运动与流场特征的相互关系,理论分析水滴在流场中的受力特性和运动特性,综合判定其运动规律,分析水滴变形及破碎对其运动规律的影响,构建水滴运动计算模块,采用离散相方法与流场计算耦合,分析其运动轨迹,并对比标准算例进行验证。

(2) 水滴撞击与壁面收集特性计算模块。

研究碰撞时水滴的流动特征,通过多相流模拟计算分析碰撞速度、角度、粒径、壁面条件等同飞溅损失的规律,计算收集量、飞溅量和回落量三者之间的关系。以经验和半经验的方式分析结果,构建水滴撞击模型。通过壁面收集率特性的多角度分析,验证水滴撞击模块的可靠性。

(3) 壁面对流换热与相变计算模块。

以过冷水结冰理论为技术,讨论水层参数对于结冰结果影响程度,通过格子玻尔兹曼算法研究冰水界面的传热规律和界面稳定性,解释 rime-spongy-glaze 等不同形态冰的形成机理,模拟确定水层在飞机表面的流动和热流状况对结冰速度的影响,建立适用于模拟飞机结冰的过冷水传热相变模型。

(4) 多尺度结冰冰形预测和校验。

主要是将各模块进行集成、调试与验证。具体就是,依据以上研究成果构建完整的跨尺度冰形形成过程的预测系统,即将三大模块集成为多尺度结冰预测程序,用于结冰预测。通过附录C和附录O条件下的典型算例或试验数据,验证模型的准确性,并通过结果反馈,对模块进行适当修正和改进。

专题二　高精准度的带冰民机复杂构型流场计算方法

结合对结冰机理和结冰过程的认识,建立适用于工程需要的、带冰民机复杂构型绕流流场计算的高效、高精度、高分辨率数值分析方法,并完成相应的软件程序开发和风洞试验验证研究。

(1) 冰形处理及网格生成技术研究。

基于基本气动常识、图形识别技术以及冰形基本特征量提取方法,研究冰形的形态、粗糙度、形貌的数值描述方法,得到适用于气动力分析的结冰网格生成模型;以多块结构网格生成、变形网格方法、嵌套网格方法等为备选技术方法,研究其应用于带冰民机复杂构型流场计算的可能性,并分析其计算效率及优劣。

(2) 边界层湍流/转捩模式研究。

基于粗糙冰、流向冰、角冰、溢流冰等冰形特征,研究结冰后物面的边界层湍流/转捩机理,分析各类冰形对流动特征的影响,并发展相应的基于湍流模式的转捩模型，分析各类特征冰形在流动过程中的计算精度，并通过典型算例进行验证。

（3）高效高精度数值计算方法研究。

开展 RANS 高效高精度数值计算方法研究、RANS/LES 混合方法研究以及非定常动态响应 LBM（格子玻尔兹曼方法）数值模拟方法研究，并进行相应的典型算例验证。

专题三　民机典型结冰条件下的失速特性影响研究

根据结冰适航条款要求，捕获民机在典型结冰条件下的失速特性研究需求；结合专题二研究成果，通过精细数值模拟对结冰后典型气动外形绕流和气动力变化进行研究，预测不同冰形对民机失速特性的影响，为民机结冰后飞行安全以及结冰适航取证提供支撑。

（1）结冰后失速特性影响参数捕获。

《运输类飞机适航标准》B 分部第 25.103 条"失速速度"、第 25.201 条"失速演示"、第 25.203 条"失速特性"和第 25.207 条"失速警告"等条款对民机失速特性及飞行演示要求做出了明确规定。通过对适航条款的解读，捕获民机结冰后的失速特性影响参数，明确研究目标。

（2）典型结冰冰形对民机失速特性影响研究。

结合专题二研究成果，深入研究采用 RANS/LES 混合方法以及非定常动态响应 LBM 数值模拟方法预测结冰后失速特性影响的计算方法，开展典型算例验证，在此基础上进行典型结冰冰形对民机失速特性影响的数值模拟。

专题四　民机典型状态下的结冰过程数值模拟及验证

首先开展结冰适航条例、相应咨询通告及其背景研究，明确结冰设计及适航取证需求。然后在结冰数值模拟软件开发的基础上，针对性地开展民机典型适航条件状态下的结冰过程数值模拟及验证，主要包括数值模拟方法、流程、规范以及结冰冰形风洞试验验证，为结冰适航取证提供基础。

（1）结冰适航条款研究及需求捕获。

根据 ARJ21-700 飞机结冰适航取证经验，结冰条款的解读是适航取证最为关键的核心技术之一。本专题首先对目前所有结冰相关适航条款、咨询通告进行研究，将其转化成型号结冰设计及适航取证的具体需求，并捕获其中结冰数值模拟方面的需求，为结冰数值模拟提供输入。

（2）基于适航取证需求的结冰过程数值模拟方法、流程、规范。

在专题一研究的基础上，开发工程适用的快速、高效、高精准度二维结冰数值模拟工具；研究 2.5D 结冰冰形计算方法、结冰相似参数转换方法、混合翼设计方法等结冰冰形计算方法，建立结冰软件使用规范、2.5D结冰计算规范、相似参数转换规范以及混合翼设计规范等，为型号临界结冰确定、冰风洞试验模型设计等提供依据。

（3）民机典型结冰冰形计算及冰风洞试验验证。

以未来民机为平台，开展典型适航条件状态下的临界结冰冰形计算以及冰风洞试验验证研究，完善结冰数值模拟软件、结冰数值计算流程及规范。

5）关键技术及解决途径

（1）民机结冰过程的多尺度模拟建模技术。

民机结冰过程的多尺度模拟方法的难点在于多尺度水滴动力学特性描述、冰水界面动力学、相变热力学建模。

针对第一个难点采用地面引导试验与 CFD 模拟相结合的方法，对水滴变形、破碎、飞溅等进行研究，认知水滴动力学特性，建立相应的动力学、运动学物理模型，为水滴收集特性的计算提供依据。

针对第二个难点，将民机结冰分为初期结冰和冰生长两个阶段进行研究，关注结冰初期特征对冰积聚演化趋势的影响，建立分阶段结冰物理模型；另一方面，考虑水层参数对于结冰结果的影响，通过格子玻尔兹曼算法研究冰水界面动力学、相变传热规律和界面稳定性，解释 rime-spongy-glaze 等不同形态冰的成冰机理，建立适用于模拟飞机结冰的过冷水传热相变模型。

（2）结冰导致的复杂流动特征以及失速特性的建模技术。

该项关键技术的难点在于基于物面精确描述的复杂构型网格生成；粗糙度、冰角等对转捩的影响模拟，以及高精度分离流数值模拟工具及方法。

针对第一个难点，基本气动常识、图形识别技术，研究冰形的形态、粗糙度、形貌的数值描述方法，开展自适应网格、分区网格以及嵌套网格技术对结冰后复杂构型进行网格生成技术研究。

针对第二个难点，开展附面层转捩机理研究，并发展基于 SST 模型的转捩预测模型，建立自由转捩模型数值模拟技术。采用 RANS、LES、

DES 等不同层次的数值模拟方法,以及非定常动态响应与 LBM 数值模拟方法,开展结冰导致复杂非定常流动的高效、高精度计算方法的对比研究。

[简析]

此建议书整体分析,有关研究目标、技术指标、研究内容及关键技术都写得不错,值得借鉴:

(1) 研究目标清晰,层次感强,从基础研究到应用研究的目标度表达准确。

(2) 反映实现研究目标程度的技术指标已参数量化,而且具有一定的先进性。

(3) 研究方案思路清晰,可操作性强;相应的研究内容实事求是,针对研究内容的技术途径可行;提炼的关键技术准确,攻关解决措施得力。

4.3　研究基础与保障

"研究基础与保障"所述的内容占技术研究建议书相当的分量,作为评审要素占约 30% 的比分,包括建议书中的研究基础即在该领域的经验和技术能力等(分数占比 10%),科研条件即人员设备资源等(分数占比 10%),研究团队的整体能力(分数占比 10%)。因此,在编写建议书时,如上述三点研究基础与保障措施都明确地有而且充实,就应非常肯定地表明:① 本主申报者和主申报单位完全有从事民机产品研制,特别有从事民机科技预研的经验和组织开展民机技术研究和攻关的能力;② 通过悉数相关科研家底充分证明本技术研究团队针对此民机专项预研的科研条件有保障;③ 列出从事本专项预研技术研究的负责人和骨干人员相关专业的相关业绩以表明本专项预研技术研究团队具有雄厚的相关研究实力。如果上述研究基础与保障措施都没有或者很弱,就无法作为主申报者申请此民机专项预研了。

4.4　知识产权分析、风险分析及对策

"知识产权分析、风险分析及对策"在技术研究建议书中并不是可有可无,而是一项非写不可,应向主管机关提供非常重要信息的内容。在编写知识产权分析章节时,最好先通过中国知识产权数据库、德温特等权威数据库查找所从事的本专项预研内容是否存在国外侵权和国内侵权的状

况,这些基本情况都应查实并在建议书中一一交代清楚。如经查找并分析国内、国外都不存在侵权的状况,表明开展此专项预研就有一定的新颖性和创新性,开展此专项预研的必要性就不言而喻。编写本专项预研的知识产权归属及应用时就可很明确地表明待项目研究结束后可通过专利(实用新型或发明)申请、软件著作登记等知识产权保护,使知识产权归属自主,或产生特别重要的核心技术时还可通过企业商业、技术秘密的方式予以保护。在推广应用时也能清晰地表明可通过一种方便的无形资产转移方式应用于民机型号研制。但如果查实此项技术在国外已受到知识产权保护,通过分析后必须向国家主管机关表明清楚,以作为国家主管机关决定是否买下、有偿使用或自我研制此项技术的决策依据。当然,如果此民机专项国内已有,而且已受到知识产权保护,那就完全没必要再重复研究。

"风险分析和对策"也是让国家主管机关是否放心批复此民机专项预研的重要依据,这包括技术风险、进度风险、财务风险、资源风险等。总的来讲,开展民机科技预研活动,风险必然存在,没风险就不需要预先研究了。但如需从事此民机专项预研,并确保研究目标能够实现,必然要风险可控。为此,在第一步进行风险分析时要针对最少四个纬度:技术、进度、财务、资源进行风险识别,以及风险分析等风险等级评估;在此基础上,第二步就可提出风险防范和控制措施,即风险规避、风险转移、风险控制等对策,最终让国家主管机关放心批准。

实例1:"民机复合材料机翼衬套螺栓特种紧固件研制"知识产权分析

[示范]

衬套螺栓是民机型号中复合材料油箱区满足静闪电防护等适航条款要求所必须采用的紧固件,已经在国际先进民机型号的复合材料油箱区大量采用。目前该类紧固件国内属于空白,且在向国外供应商采购时面临采购限制(部分紧固件不出口到中国),因此联合国内紧固件供应商进行该产品的联合开发非常必要。

选择检索途径(数据库/网址)包括:INCOPAT/www.incopat.com;德温特数据库/www.thomsoninnovation.com;

选择检索的中英文关键词为:衬套、螺栓、紧固件、sleeve bolt、sleeve

fastener;

选择检索的范围(地域、时间)为：时间：1995.1—2016.12；地域：全球范围；

经检索存在具有近似的背景技术如下：

检索式：衬套和(螺栓或紧固件)和B64C

　　　　Sleeve and（bolt or fastener）and B64C

具体分析为：

(1) INCOPAT中检索到结果52条，经仔细分析，其中2条比较相关，分别为：

a. CN103759597A，北京航空航天大学，2014年，一种导弹舱段径向单斜衬套螺栓连接结构(见图4.2)；

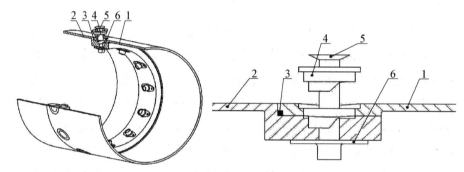

图4.2　导弹舱段径向单斜衬套螺栓连接结构

该相关专利给出了一种沿导弹筒状周向方向上用螺栓、托板螺母和一种斜坡形咬合衬套所确定的连接方法，与本工作所开发的衬套螺栓标准形成显著差别。

b. CN103934396A，卓越紧固系统(上海)有限公司，2014，螺栓衬套制造方法及其螺栓衬套组合件(见图4.3)；

图4.3　螺栓衬套组合件

该专利给出了一种在螺栓外侧嵌套两个对接衬套,与本工作所开发的衬套与螺栓形成的干涉配合标准间形成显著差别。

(2) 德温特数据库中检测到结果 947 条,经仔细分析,其中 2 条比较相关,分别为:

a. DE19850797A,HERRMANN W,1998 年,Dowel system consists of expander and screw sleeve,screw and expander bolt,expander cone and claws.

该专利给出了一种通过螺纹拧入,膨胀固定在物体中的衬套螺母形成固定特性的膨胀螺丝装置(见图 4.4),与本工作开发的全螺栓直径覆盖干涉衬套标准件形成差别。

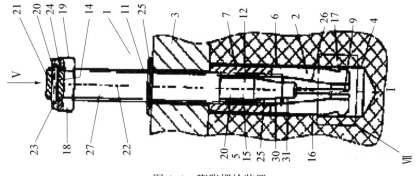

图 4.4 膨胀螺栓装置

b. CN201184344Y,XU C,2009 年,Nut expansion sleeve bolt and expansion bolt.

开发此紧固件,其原理与 a. 相似,但其是一种水泥墙所用的膨胀螺丝,与本工作开发的全螺栓直径覆盖干涉衬套标准件形成差别。

经过上述知识产权状况分析,结论为:"民机复合材料机翼衬套螺栓特种紧固件"研制基本不存在侵权风险。产生的知识产权权属可归研制方共有。

[简析]

此"民机复合材料机翼衬套螺栓特种紧固件研制"知识产权分析可作为建议书编写的参考。按常规,先从常用的数据库 INCOPAT/www.incopat.com;德温特数据库/www.thomsoninnovation.com 中进行检索(还可从其他数据库更多地检索),查出是否存在侵权的风险。此实例中经分析针对的研制内容基本不存在侵权风险。有此结论就可接着写研制后的知识产权权属安排。

实例2："装机设备鉴定试验"风险分析
[示范]

装机设备通过鉴定试验(qualification test)是保证民机飞行安全的必要条件之一。为降低项目风险发生的概率,首先应对项目进行风险识别,对识别的风险进行分析,并制定风险应对规划和风险管理计划,在后期的实施过程中将定期监控风险,通过采用风险管理的工具和方法使该项目满足风险管控的要求。

1) 风险识别

通过各种风险识别方法的对比和结合设备鉴定试验项目的特点,采用综合化的风险识别手段(主要通过 WBS - RBS 方法结合专家调查法和头脑风暴法)对该项目的风险完成了识别。图 4.5 为该设备鉴定试验项目的 WBS,表 4.1 为主要风险清单,只包括发生概率比较高并且后果比较严重的风险。

表 4.1　主要风险清单

序号	风 险 名 称	风 险 发 生 的 原 因
1	技术风险	由于供应商缺乏经验或者对适航条款的理解不够充分,存在试验件制造符合性检查无法通过,需要重新整改的风险;产品设计不能满足鉴定试验要求导致试验失败,需要重新启动产品设计过程
2	进度延误风险	项目关键路径上活动多,相互制约,项目团队没有类似项目的经验,涉及局方的大量工作,项目团队对局方的人力资源没有控制权
3	经费风险	某些鉴定试验所使用的试验件价格昂贵,根据试验要求需要采购的试验件数量比较多,会导致经费超出限制
4	多文化项目成员沟通困难风险	项目成员信息传递层级多,来自不同国家导致文化差异
5	局方人力资源不足风险	局方通常几个工作包才配备 1 位工程审查代表,而每个工作包通常都超过 10 份鉴定试验大纲,如果同时递交给局方代表审查,则会造成文件堆积

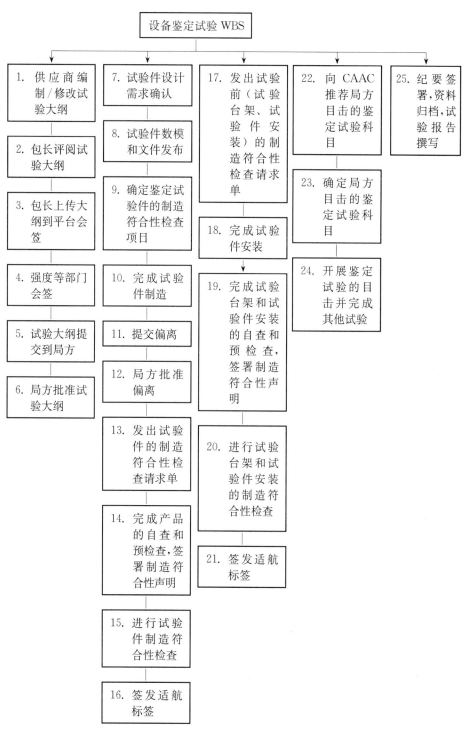

图 4.5 设备鉴定试验项目的 WBS

2）风险分析

（1）风险造成的后果和发生的概率。

将风险对性能、进度和费用的影响所造成的后果分为 5 级，如表 4.2 所示。

表 4.2　风险造成的后果

| 等级 | 假设风险已经发生，会产生何种程度的影响 | | |
	性　能	进　度	费　用
1	对性能影响很小或无影响	很小或无影响	很小或无影响
2	对性能影响较小，对项目目标影响很小	能满足关键节点，进度拖延小于1周	预算增加或单个产品研制费用增加，小于2万元
3	性能中等程度降低，对项目目标影响较小	能满足关键里程碑节点，但无可浮动时间，进度拖延2～3周	预算增加或单个产品费用增加，增加2～5万元
4	性能较大程度降低，可能影响项目成功	项目关键路径受到影响，进度拖延3～4周	预算增加或单个产品费用增加，增加5～20万元
5	性能严重降低，不能满足关键性能参数，影响项目成功	不能满足项目的关键里程碑节点，进度拖延大于1个月	超过费用可承受的极限值，大于20万元

5 级划分的风险发生的概率如表 4.3 所示。

表 4.3　风险发生的概率

等　级	风险发生的可能性	概率/%
1	极小可能发生	0～20
2	不大可能发生	20～40
3	很可能发生	40～60
4	极有可能发生	60～80
5	接近肯定发生	80～100

（2）针对具体风险展开的分析。

主要风险分析如下：

a. 技术风险。

风险发生原因：设备鉴定试验项目是针对已经设计好的装机件设备

开展鉴定试验,对于前期的装机件设计工作已无法干涉,某些设备也存在有设计缺陷的可能性,如果该设备设计无法满足试验要求,则宣告试验失败,也存在由于试验安排和规划不合理导致试验失败的可能性。

风险可能造成的后果:导致设计更改和进度拖延。

概率等级:4。

后果等级:4。

b. 进度延误风险。

风险发生原因:从图4.5的WBS可以看出,设备鉴定试验项目的工作任务比较多。根据对25项任务的分析发现影响鉴定试验开展的前置任务包括:局方批准试验大纲、对试验台架和试验件安装签发适航标签和局方制造代表的团组到达试验现场(只针对目击试验),而完成这三项前置任务的流程比较长,大多数前置任务都存在风险。

其中局方批准试验大纲前涉及××公司内部会签:鉴定试验大纲提交部门内的校对、审核和审定,强度、标准审定、适航等相关专业会签,由于设备鉴定试验大纲(QTP)页数基本都超过100页,有的会签人员不具备相关经验,所以很多部门会签的时间都比较长。通常设备鉴定试验大纲到局方都会涉及驳回修改,而且每次更改QTP,每个供应商内部都需要经过一遍企业类似的签审流程,这样更新一次QTP通常需要至少1个月的时间。有时候遇到供应商不同意局方的修改意见,三方反复协调的时间会很长,实在协调不一致还会涉及技术决策,所以如果这种情况发生,进度延误的风险就会很严重。

由于供应商对适航要求的理解存在偏差,导致试验件制造符合性检查未通过,那么供应商就需要进行整改。整改通过后还需要再次安排制造符合性检查,这样也会导致进度延误的风险增加。

由于大部分供应商在国外,而局方审查代表办理签证流程比较长,需要民航局批准。对于去国外供应商处参加目击试验,大部分供应商是在同时为很多个飞机研制项目开展试验,由于试验设施安排和其他飞机研制项目会有冲突,这样就要求在某个特定时间点局方审查代表必须能到达国外供应商试验地点进行目击,否则就需要等下次再安排试验,试验进度延误的风险也会增加。

风险可能造成的后果:导致进度拖延。

概率等级:4。

后果等级：5。

c. 经费风险。

风险发生原因：对于大多数设备的鉴定试验，都有超过 5 项的鉴定试验科目。根据技术要求并且提高试验成功的概率，最好是每项试验使用 1 个试验件，但是根据该项目的经费要求和试验件的价格，通常很难支持每项试验使用 1 个试验件所需的经费，但是针对某些设备，如果采用过少试验件开展鉴定试验失败的风险过高，如果试验失败则需要修改设计和试验流程，会造成严重的进度延迟和经费增加，项目团队更加无法承担，所以只能增加试验件的采购数量，这样就会造成项目经费超标。

风险可能造成的后果：导致经费超标。

概率等级：3。

后果等级：4。

d. 多文化项目成员沟通风险。

图 4.6 为典型项目利益相关人员交流图，从图中可以看出信息交流单向有 4 个层级，一个闭环有 8 个层级。信息经过层层传递会导致失真，传递到三级供应商的信息可能已经打了折扣。

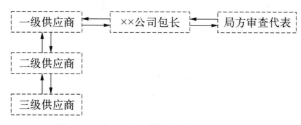

图 4.6　典型项目利益相关人员交流图

另外，由于多层信息传递，一次更改传递到三级供应商那里通常要超过一周的时间。

沟通效率最高的方式就是面对面沟通，因为研究表明 55% 的沟通是非语言沟通，人们在彼此交流中的体态、面部表情和声调等在沟通效率中起到非常重要的作用。

由于很多供应商是国外供应商，所以××公司项目包长与供应商交流最多采用的是邮件和工程更改备忘录（ECM），其次是电话沟通。邮件和 ECM 不能及时回复，通常会在几天内回复对方，缺乏时效性。针对电话沟通，大家可能都深有体会，当与国外供应商开电话会议的时候，由于语言和文化差异,双方理解彼此的意图很困难,导致效率很低,经常需要很长时间才能达成一致。有时一级供应商同意××公司的意见,但是二级或三级供应商对××公司或者局方提出的要求有不同意见,就需要反复协商,由于供应商现场的工程师通常无法做技术决策,所以需要组织供应商在国外的工程师、××公司工程师和审定中心审查代表三方在一起开电话会议反复协调,由于语言和知识背景以及文化等的差异,沟通效果会打折扣。

风险可能造成的后果:信息不能 100% 传递,导致误解,××公司与供应商更难达成一致;信息层级过多,沟通的流程变长,导致进度严重拖延。

后果等级:5。

概率等级:5。

e. 局方人力资源不足风险。

由于在其他民机项目中存在局方人力资源不足的问题,所以项目组借鉴其他型号的经验,同时结合自身特点进行分析得出设备鉴定试验项目也存在局方人力资源不足的风险。

略。

概率等级:4。

后果等级:4。

3)风险应对

对应常用的 6 种风险应对方法:减轻风险、预防风险、回避风险、转移风险、接受风险和储备风险,项目团队结合每一项识别出来的风险的特点将采取以下不同的应对措施。

(1)针对技术风险的应对措施。

由于设备鉴定试验项目是针对已经设计好的装机件设备开展鉴定试验,如果设计存在缺陷,项目团队也是无法控制的,只能采用接受风险的方法。项目团队要借鉴类似项目的经验,多咨询专家意见,并采用项目管理的方法和工具尽量使试验安排和规划合理,尽量降低试验失败的可能性。

(2)针对进度延误风险的应对措施。

在建立 WBS 时充分考虑目击试验开展所需要的所有活动,把所有活动采用 PERT 网络法编制进度计划,找出关键路径和关键活动,分配足够的资源,提高关键活动顺利完成的概率,并每周监控完成比率,以使关键路径按预期完成,具体实施如下。

略。

(3)针对经费风险的应对措施。

在前期制订经费预算时就要与试验承担方充分沟通得到最优和最低要求的试验件数量,并结合前期生产装机件的费用制定比较合适的经费预算,并与管理层积极沟通,争取到经费批准。

(4)针对多文化项目成员沟通困难风险的应对措施。

a. 制订三方信息沟通文件,规定信息传递方式(邮件、电话、ECM、面对面等)、信息传递反馈要求(规定收到 ECM 或邮件等协调文件后必须反馈的最长时间)。

b. 建立面对面工作团队(WORKSHOP)制度,采用进度风险管理的方法计算出每个鉴定试验按进度计划完成的概率,如果完成概率低于70%,则供应商必须委派负责关键路径上任务的人员与 COMAC 和局方成员在同一个办公场所里共同工作以提高工作效率。

(5)针对局方人力资源不足风险的应对措施。

根据工作包的 QTP 数量把工作包进行分类,对于 QTP 数量小于 10个,发生 QTP 积压无法审阅的概率低于10%,这类工作包可以采用接受风险的方法,不用花精力和时间处理该类风险。对于 QTP 数量大于20个的工作包,由于局方工程代表和 DER 总数只有 2 个,则 QTP 积压无法审阅的概率高于80%,所以需要提前制订应对计划,与局方进行协调增加工程代表数量(根据经验往往比较困难),并采用培训等方法增加 DER 的数量。并且要制订计划提高 DER 的综合能力,以使局方工程代表有信心把更多 QTP 审批任务分配给 DER,以提高工作效率,缩短批准进度的时间。

4)风险监控

由于设备鉴定试验项目只是民机项目中一个微型子项目,为了化繁为简,提高效率,所以项目团队将指定一人对风险的应对计划执行情况进行密切跟踪,及时、准确地反馈给所有团队成员相关信息,适时组织专家进行重新评估,对风险应对计划的实施情况进行评价,如果存在问题则及时上报给管理层提供帮助并进行决策。

在定期的项目例会上各工作包的成员会针对风险应对计划的执行情

况进行汇报,如果存在问题项目团队会讨论得出下一步应该采取的措施并积极开展措施解决出现的问题。

[**简析**]

此"装机设备鉴定试验"风险分析只是风险分析方法之一,可作为建议书风险分析的参考。此实例进行了风险的识别,列出了主要风险清单,并针对性地进行了风险分析。最后提出了风险应对办法和后期风险监控措施。

参考文献

[1] 徐敏.国外预研管理对我国民机科技发展的启示[J],民用飞机设计与研究,2012 (4):65.

5 民机专项预研实施方案即 技术研究任务书编写

> "技术的本质,与制度的本质类似,因有强烈的路径依赖性质而常将人类'锁入'既有的技术路径或制度路径。"
>
> ——布莱恩·阿瑟《技术的本质》

民机专项预研技术研究任务书编写是民机专项预研立项申请"两上两下"的"第二上",从某种意义讲就是民机专项预研的实施方案。到"第二下"时,即国家主管机关批复后将作为项目验收和审计的主要依据。为此,在立项申请"一上一下",即收到技术研究建议书的批复件后,首先祝贺责任牵头单位和参研者,民机专项预研立项已基本获准。第二步就是责任牵头单位再按照批复件的要求,组织编写技术研究任务书,即按照任务书格式要求,通过详细的文字加图表等形式描述清楚此获批的民机专项预研将怎么(HOW)干,这是写好技术研究任务书的重点。

为了详细阐述民机专项预研实施方案,相比于技术研究建议书,任务书给出的内容应更加丰富,每个章节所阐述的内容应更加细致(无论与建议书的章节标题是否相同),研究的内容、专题分解应更加清晰,参研单位对应研究内容和专题的任务分工应更加明确,通过初步研究之后提取的关键技术应更加精准,解决技术问题的技术途径逻辑应更加合理规范。特别还需补充一点,在国家主管机关下发技术研究建议书批复件时,研究总经费基本都会做一定调整(大多会调减),研究目标和研究内容也可能会作适当调整。为此,在编写技术研究任务书时必须严格以批复件作为依据,无论批复件相对建议书是否进行了调整,以确保预研任务高质量不打折扣地予以完成,并能顺利通过民机专项预研的验收。

技术研究任务书给定的格式包括的主要章节有:① 项目概述,含研究目的和目标、主要研究内容、技术指标、研究成果、研究周期和组织分工;② 总体研究方案,包括研究、主要研究内容、技术指标、关键技术等;③ 主要研究专题,即将民机专向预研分解成若干相互关联的研究专题;④ 关键技术及采取的解决途径分析;⑤ 技术指标及考核方式;⑥ 成果形式及验收方式;⑦ 成果应用前景;⑧ 参研单位及任务分工;⑨ 研究周期及实施计划安排;⑩ 总经费测算,主要包括经费分解测算、投融资方案等;⑪ 效益分析。

与技术研究建议书评审一样,第三方咨询专家组需对技术研究任务书进行评审打分,若分数不及格,技术研究任务书评审将不予通过,民机专项预研将不获批准。

在进行技术研究任务书评审时,第三方咨询专家组一般会从如下 10 点进行综合考虑:

(1) 研究任务书(及其附件、补充材料)是否完整齐备? 是否符合民用预研专项管理办法对任务书的形式要求?

(2) 研究任务书是否符合项目建议书批复文件要求?

(3) 研究目标和指标(请字句斟酌,避免歧义):

• 研究是否能达到立项批复的目标要求?

• 所提指标是否量化、合理,是否可实现、可考核?

• 是否能工程化,是否能够工程实用化?

(4) 研究内容与关键技术:

• 研究内容是否与研究目标与技术指标匹配?

• 研究方案是否细化,是否合理,能否可操作、可实施?

• 技术路线是否合理?

• 所提关键技术是否准确,解决途径是否可行、合理?

• 有无创新、创新的内容、创新点在哪里?

• 主要研究内容(或试验)安排是否可行?

• 项目技术风险和其他风险的分析是否合理? 是否有应对措施?

(5) 成果:

• 对应每项研究内容应有研究成果,成果是否明确、清晰?

• 研究成果形式包括:报告、论文、期刊、著作、发明、专利、卖物、证书、软件、程序等;

• 成果转化和应用方向是否明确?

（6）分工：

• 课题组长、副组长人选是否合适；是否称职、是否具备足够能力、资历、精力？

• 成员单位是否具备能力，分工选择是否合理？工作界面是否清楚？

• 国内、国外试验单位是否具备试验条件、试验时间？合作单位是否落实？是否已签合作协议？

• 人员配备是否落实？专业搭配是否合理？

（7）进度：

• 进度安排是否周详？是否有网络图？

• 主要研究节点安排是否合理？

• 是否考虑了进度风险，是否留有余地？

（8）经费预算：

• 经费预算是否符合相关文件的要求？

• 经费分解是否足够细化、可审查？是否和研究内容匹配？取费标准是否合理（请逐项进行评价：符合/应调减/调增）？

（9）研究任务书签字手续是否完整？文字水平、版面质量是否符合要求？

（10）整体意见：

• 是否通过评审（通过/原则通过/补充修改再次审查/不予通过）？

• 如何修改（主要修改要求）？

5.1　研究内容、方案、关键技术及解决途径

"研究内容、方案、关键技术及解决途径"为技术研究任务书的重点章节，评审一般占约40%的分值，其中：① 研究目标（10%）应符合民机预研规划方向与需求，目标明确，可实现，而且要求与建议书的批复件一致；② 研究内容（10%）也应符合建议书的批复要求，内容完整详细，而且与研究目标和技术指标匹配；③ 研究方案（10%）应细化、合理、技术可操作性强。具体还应详细介绍项目总体研究方案，明确研究专题及各专题间的关系，技术路线应合理，而且可实施；④ 关键技术（5%）应提取准确，描述完整，而且相比现存的技术将是突破性的关键技术；⑤ 解决途径（5%）应科学合理，可操作性强，而且技术风险和其他风险的分析合理，有相应的应对措施。

实例：《民用飞机防除冰技术研究》研究任务书之"研究内容、方案、关键技术及解决途径"

［示范］

1）总体技术方案、研究内容及总目标

（1）本项目研究指导思想。

结冰已造成我国大型运输类飞机发生多起飞行空难，而我国至今仍未系统地开展过民机的结冰机理和防/除冰设计方面的研究工作。根据国防科工委"十一·五"科研规划的安排，在"十一·五"期间，由××公司组织国内相关单位在"十·五"期间课题研究的基础上，拟利用国外的冰风洞开展不同机翼外形、不同飞行条件和大气条件的结冰机理试验研究，并验证完善前期已开发的 CFD 计算软件；同时，利用国内已有的技术基础，开展民机防/除冰的设计要求及关键原件的原理及试验验证研究等，为开发具有我国自主知识产权的民用飞机的防/除冰系统奠定技术基础。

（2）研究内容。

a. 飞机结冰的机理研究。

飞机在什么飞行条件下容易结冰？结什么样的冰？是本课题首先要弄清楚的问题。据国外研究资料显示，飞机结冰原因可分为两大类：一类是空气中水滴撞击在飞机翼面直接凝结形成冰霜；另一类是大气中存在着温度低于 0℃ 而仍未冻结的过冷水滴。这些过冷水滴很不稳定，只要受到轻微扰动就会立即冻结，当飞机在含有冷却水滴的云中飞行时，如机体表面温度低于 0℃，过冷却水就会在机体表面某些部位冻结并聚集成冰层。由于空气中的含水量和水滴过冷却温度不同，冻结过程中释放的潜热排走的快慢不同，所以部分"水滴"会在翼面上流动过程中结成冰。不同情况下结成的冰在结构、强度、外观上也会有所不同。它一般可分为 4 种：明冰、霜冰、雾凇及毛冰。

结冰的速度与云中过冷水含量和水滴的大小有关。过冷水含量越大，结冰强度也越大。过冷水含量超过 1 g/m³ 时，结冰就很严重了。云中过冷水量又与温度有关，温度越低，过冷水含量越少。所以强结冰多发生在云中温度 0～10℃ 的范围内。另外，云中过冷水含量还与云的形状、云中上升气流的大小有关。

所以环境条件（结冰气象条件）的研究对了解飞机结冰情况和提出解决结冰问题的办法是十分必要的。

通过收集国内外有关结冰、防冰方面资料、文献进行分析、研究,结合国内外试验设施进行一定的试验。在飞行器结冰机理、形成结冰的条件,影响结冰的主要因素上有一个比较清晰的认识,为本课题的顺利开展打下基础。

(a) 大气条件的分析及空气中水汽和云中过冷水滴含量、水滴的大小对飞机结冰的影响研究。

(b) 分析飞机表面条件,如前缘部位的曲率半径、表面压力分布、表面温度和空气-水界面的表面张力等,以及飞行速度、飞行高度、结冰时间对结冰及冰型影响的研究。

(c) 分析绕翼面附近水滴的运动轨迹对结冰的影响。

(d) 飞行条件下,空气—云—冰—机体系统环境热传输与热平衡及碰撞水滴冻结系数和结冰关系的研究。

b. 飞机结冰和气动外形及飞行速度、高度之间的关系研究。

飞机外形与结冰形状和结冰速度有密切的关系。在其他条件相同情况下,若机翼前缘曲率半径大,气流在机翼前缘较远的地方就开始分流,这样水滴就容易随气流一起绕过机翼,碰撞机翼较少;反之,机翼前缘曲率半径小,在机翼前缘较近的地方气流才开始分开,虽有一部分水滴随气流一起绕过机翼,但碰撞机翼还是比较多,结冰也就比较强。

在同样环境里,飞行速度、高度和飞机结冰强度之间关系的研究,是对飞机结冰情况更深入和量化的研究。当飞行指示空速在 600 km/h 以下时,指示空速越大结冰就越强,即飞行速度与结冰强度成正比。但是当飞机以更高速飞行时,尽管碰到机体上的过冷水滴增多,但由于动力增温效应使得空气与机体表面剧烈摩擦和被压缩,使机体表面温度升高到 0℃以上,所以不易结冰,甚至可能使机体表面已有的结冰融化。动力增温效应的大小与空气密度、空速、机体部位以及空气中水滴的大小、含量等因素有关。

c. 飞机结冰冰瘤外形的研究。

飞机结冰的形状受许多因素的影响,是多变的。通过理论上的分析研究和冰风洞试验对这些现象进行深入研究,掌握诸多因素如空气中水汽含量、云中过冷水含量、水滴的大小,飞机表面温度、结冰部位的曲率半径、表面压力分布情况,空气—水界面的表面张力,飞行速度、进入结冰区时间,翼面附近水滴的运动轨迹等与冰的附着、沉积、增长过程的数值模拟及相应软件开发。这对我们从理论上掌握飞机结冰情况是必要的。通过掌握的理论,可调整飞机的飞行区域,适当扩大飞行范围,这也有利于市场竞争。

d. 开发经过试验验证的、可直接用于民机型号设计的翼面冰形成的数值模拟软件系统。

飞机防冰表面结冰量和结冰区的计算,不仅是飞机气动专业研究结冰对飞机气动性能影响的基础,同时也是防冰系统热载荷计算的基础。

(a) 用数值计算方法求解得到结冰表面外空气的速度分布,再用拉格朗日法建立水滴运动方程,求得水滴运动轨迹,从而获得冰的附着、沉积和增长过程的数值模拟软件。

(b) 把含有水滴的空气流动作为气液两相流,用欧拉法建立气液两相流动的控制方程,用有限体积控制法数值求解控制方程,得到水滴运动轨迹和结冰表面的水收集系数。

后一种方法可利用已有的计算网格计算水滴运动方程,直接得到结冰表面的大小和水收集系数,这对于多段结冰面尤为重要。

由于随着翼面的结冰,其气动外形不断在变化,所以研究开发有自适应能力的非结构网格,以加速计算速度是必需的。

该系统主要包括:

(a) 翼型结冰数值模拟软件;

(b) 平尾结冰数值模拟计算软件;

(c) 翼身组合体结冰数值模拟软件。

e. 结冰(速率)探测与融冰(效果)监测总体技术研究。

传统的结冰信号器系统仅对飞机是否处于结冰状态进行监控,仅仅是有无结冰的门限判断,并未能探测结冰的速率和强度,未能对全机关键部位的实际结冰状况进行监控。本项目通过对防冰控制逻辑的研究,将结冰探测、速率解算、强度划分、融冰效果监测、除冰逻辑时间选择等要素有机地结合起来,最终研究一套质优价廉,可靠性高的全机防冰监控解决方案。

f. 防冰热载荷计算技术研究。

研究分段机翼模型和其他特征防冰部位模型的热载荷计算方法,建立全机热载荷分布准则,建立温度、速度、攻角等因素与防冰热载荷的动态关联,开展防冰热载荷计算技术研究,为开发二维翼型防冰热载荷计算软件和三维机翼水滴撞击与防冰热载荷计算软件打下基础。

g. 新型电脉冲(电排斥)除冰执行组件技术研究和除冰逻辑控制技术研究。

研究利用电磁力实现快速高效除冰的原理,研究电排斥形成的边界条件和电排斥结构与飞机机体结构的相容技术,以及电排斥技术对机载环境的适应性。

基于结冰对飞机气动、飞行品质研究,以及防冰热载荷计算技术,开展除冰逻辑控制技术的研究,合理划分机翼和平尾结冰区域,研究除冰控制率,在简化的安全飞行包线内,进行除冰时序、除冰功率分配,并综合考量全机气动、飞行品质劣化程度、发动机功率状态,最终确定一种安全、高效、经济的除冰逻辑顺序和除冰周期。

h. 冰风洞试验验证技术研究。

有针对性地进行典型翼面和部件的冰风洞试验,求得在不同气象条件下的结冰形状、结冰速度和结冰大小,用以验证结冰形状的数值模拟计算软件。国内目前缺少适合的可用的结冰风洞,所以部分试验需要在国外进行。

通过冰风洞试验研究,探索和制定翼型、部件模型结冰风洞试验相似准则和模型设计要求。

研究结冰探测技术的冰风洞试验验证技术,研究防冰热载荷计算结果的冰风洞试验验证技术。

试验内容包括:

(a) 典型翼型的二元冰风洞结冰试验;

(b) 平尾冰风洞结冰试验。

(3) 总体技术方案。

通过收集国内外有关结冰、防冰方面的研究成果和文献资料,结合以往研究工作中的经验积累和 ARJ21 飞机型号研制经验,对结冰机理进行深入研究,掌握飞机结冰和气动外形及飞行速度、高度之间的关系,获得结冰冰瘤外形,建立翼面结冰的模型和对气动力影响的数据库。在我们掌握的较成熟的气动力数值计算(CFD)及结冰模拟计算方法的基础上开发"翼面冰"在不同气象条件下,生成的形状、速度、大小的模拟计算软件。研究新型结冰探测系统技术、防除冰系统设计技术,开发防冰热载荷计算软件。掌握民用飞机防冰系统总体设计技术。为新飞机的研制和现有飞机的改进、改型提供技术支持。

(4) 项目总目标。

本项目研究的总目标是：开展结冰机理研究；掌握数值模拟方法，开发型号研制中工程实用的、经过结冰风洞和带模拟冰型风洞试验验证的飞机翼面结冰位置、形状、大小、速度的数值模拟计算软件，以及结冰对飞机气动特性影响的分析软件系统；开展实用、高效、节能的飞机防冰、除冰技术研究；为 ARJ21 飞机、干线客机、大型运输机的研制，民用飞机适航取证以及现有飞机的防除冰系统的改进工作提供技术支撑。

2) 关键技术及采用的解决途径分析

(1) 关键技术。

a. 飞行器结冰机理、形成结冰的条件，影响结冰的因素；

b. 结冰模拟计算中自适应网格的建立及更新；

c. 飞机结冰和气动外形及飞行速度、高度之间的关系；

d. 飞机防冰表面结冰量、结冰区和冰瘤形状的数值模拟计算；

e. 新型结冰探测系统；

f. 防冰热载荷计算技术；

g. 结冰风洞试验相似准则和模型设计要求。

(2) 解决途径分析。

a. 建立翼面结冰模型和对气动力影响的数据库。

通过收集国内外有关结冰、防冰方面的研究资料、研究文献进行分析、研究，结合国内外试验设施进行一定的试验。在飞行器结冰机理、形成结冰的条件，影响结冰的主要因素上有一个比较清晰的认识，为本课题的顺利开展打下基础。

(a) 大气条件的分析及空气中水汽和云中过冷水滴含量、水滴的大小对飞机结冰的影响研究；

(b) 分析飞机表面条件，如前缘部位的曲率半径、表面压力分布、表面温度和空气—水界面的表面张力等，以及飞行速度、飞行高度、结冰时间对结冰及冰型影响的研究；

(c) 分析绕翼面附近水滴的运动轨迹对结冰的影响；

(d) 飞行条件下，空气—云—冰—机体系统环境热传输与热平衡及碰撞水滴冻结系数和结冰关系的研究。

b. 发展模拟结冰形状的数值计算软件。

飞机防冰表面结冰量和结冰区的计算,不仅是飞机气动专业研究结冰对飞机气动性能影响的基础,同时也是防冰系统热载荷的计算的基础。

(a) 用数值计算方法求解得到结冰表面外空气的速度分布,再用拉格朗日法建立水滴运动方程,求得水滴运动轨迹,从而获得冰的附着、沉积和增长过程的数值模拟软件;

(b) 把含有水滴的空气流动作为气液二相流,用欧拉法建立气液二相流动的控制方程,用有限体积控制法数值求解控制方程,得到水滴运动轨迹和结冰表面的水收集系数;

后一种方法可利用已有的计算网格计算水滴运动方程,直接得到结冰表面的大小和水收集系数,这对于多段结冰面尤为重要。

(c) 研究开发有自适应能力的非结构网格,以提高计算速度。

c. 进行典型翼面部件的冰风洞试验。

有针对性地进行典型翼面部件的冰风洞试验,求得在不同气象条件下的结冰形状、结冰速度和结冰大小,用以验证结冰形状的数值模拟计算软件。典型翼面部件的选择应尽量考虑到 ARJ21 新支线飞机的需要。

试验内容包括:

(a) 典型翼型的二元冰风洞结冰试验。

(b) 尾翼冰风洞结冰试验。

d. 利用 CFD 方法进行飞机气动力计算与分析。

利用 CFD 方法进行飞机气动力计算与分析是行之有效的研究方法。飞机翼面结冰后,气动外形发生了很大的变化,会产生气流流动的不连续性和分离,尤其是产生畸角型冰型时,影响更大。本项目主要是研究、发展有自适应能力的非结构网格,以提高计算精度,减少计算时间。同时,新研究开发在结冰情况下,起飞、着陆构型飞机的气动力计算软件,完善下列软件:

(a) 结冰后单段翼型、多段翼型计算软件;

(b) 结冰后翼身尾组合体计算软件;

(c) 结冰后低速构型翼身组合体计算软件;

(d) 结冰后全机计算软件。

e. 进行带"冰帽"的风洞试验。

在冰风洞得到真实结冰形状的基础上,进行必要的带"冰帽"的风洞试验。为模拟结冰形状数值计算软件的分析、改进提供依据,并为对结冰状态下 CFD 数值计算软件进行验证补充数据。

试验内容包括：

(a) 结冰状态下全机高速测力、测压、抖振、流谱试验；

(b) 结冰状态下全机低速测力、测压、流谱试验。

f. 研究开发新型结冰探测系统技术。

新型结冰探测系统主要由结冰速率探测和融冰效果监测两部分组成，包括结冰速率传感器、温度传感器、结冰速率解算器、融冰传感器、融冰效果解算器等部件。新型结冰探测技术研究，一方面在现有的技术基础下进行不断改进升级，另一方面寻求与国际上拥有先进技术水平的厂家进行技术合作，例如俄罗斯的脉冲设计局在 20 世纪 90 年代中期开发的 CTЛ-1 结冰信号器系统，该系统是一种应用于俄罗斯民用较新的型号如图-204 和图-214 飞机的结冰探测系统，对本项目的研究开发具有较强的借鉴作用。

防冰系统的热力计算涉及防冰腔的结构形式、材料、供气温度、供气流量及流量分配形式等，是飞机防冰系统设计的重点内容。

g. 研制新型电脉冲防冰执行组件原理样机。

该组件由页状阵列导体、程控器、贮能装置等部件组成。电脉冲除冰系统为一类机电除冰系统，总体方案为电信号控制多组页状阵列导体电流流向，使其产生电排斥力。页状阵列导体既可安装于机翼前缘，也可在机翼内侧安装，导体间用绝缘介质、弹性材料进行粘贴。

在新型电脉冲防冰执行组件方面可以寻求与美国的汉胜公司合作。该公司已研究开发出了一套电脉冲除冰系统，并已成功地装机使用。通过技术合作可以快速地提升我们的技术水平，少走弯路缩短研制时间，节约研究经费。

h. 建立飞机结冰对气动力影响的数据库。

该数据库应尽量包括飞机的几何外形、翼剖面数据、飞行速度、高度、结冰飞行条件、结冰形状大小和对气动力的影响、飞行性能及飞行品质的变化情况，飞行事故统计和防冰系统设计情况等信息，为新型飞机研制提供参考。

[简析]

此研究任务书是在建议书批复后再写的具体方案。因此，此实例"民用飞机防除冰技术研究"总体研究思想表达清晰，研究内容全面，条理清楚,研究方案具体,目标实现性强;关键技术提炼准确,解决途径可行。

5.2 技术指标与考核方式、成果形式、验收方式与效益分析

作为5.1节的输出,并且体现其预研工作的价值所在,"技术指标与考核方式、成果形式、验收方式与效益分析"占技术研究任务书评审约30％的分值,其中:① 技术指标(5％)要求完整、准确,应完全符合建议书的批复件要求;② 考核方式(5％)要求具体,可操作性强,真正能实现研究目标和技术指标的可考核性;③ 成果形式(5％)应描述合理、准确,文档资料齐全详细,而且对应的每项研究内容都应有相应的研究成果,如样品样机、技术标准、试验数据库、规范规程、软件、研究报告等;④ 验收方式(5％)要求有现场或会议验收形式和评价依据,可实现性强,如资料验收、试验验收、性能测试、软件测试、演示验证、技术鉴定等;⑤ 应用前景(5％)中要求成果转化和应用方向明确,而且应用前景很好;⑥ 效益分析(5％)预期应有良好的经济、技术和社会效益。

实例:《民用飞机防除冰技术研究》研究任务书之"技术指标、成果形式与效益分析"

[示范]

1) 项目达到的技术指标、研究成果及应用方向

(1) 达到的技术指标。

为民机的自行设计研制,提供一套达到国际上20世纪90年代水平的软件系统和原理样机:

a. 经过试验验证的工程实用的翼面结冰模拟计算软件。

二维结冰数值模拟软件:计算结果需与典型翼型结冰实验结果一致;三维结冰数值模拟软件:计算结果精度与国外文献计算精度相当。

b. 经过试验验证对飞机气动特性影响的分析软件系统。

飞机结冰低速空气动力学计算软件:计算结果需与典型外形低速气动实验结果一致。复杂的网格自适应算法流场数值模拟的计算升力和阻力系数与商业软件计算结果相比,阻力误差不超过8％,升力误差不超过5％。

c. 完成新型电脉冲防冰执行组件原理样机和除冰逻辑控制,建立电脉冲除冰系统的数学模型,能通过分析系统的关键参数(如充放电电路、

线圈电流、感应涡流、蒙皮材料、间距等)分析对除冰效果的影响,能较好预测电脉冲除冰系统的工作性能。主要技术指标如下:

最小除冰厚度 $\delta \leqslant 1$ mm;

最大除冰厚度 $\delta \geqslant 5$ mm;

能量消耗 $\leqslant 100$ W/ft^2。

d. 完成基于超声波测厚技术的结冰速率探测与融冰监测总体技术的系统原理样机。

(a) 融冰探测传感器主要技术指标:

精度 $\pm 20\%$;

监测面积   100 mm^2。

(b) 结冰速率探测装置主要技术指标:

LWC $0 \sim 3.0$ g/m^3;

平均云雾离子直径 $(15 \sim 50) \mu$m;

测试条件(空速)   100 m/s;

大气静温 $-30 \sim 0$℃;

高度 $0 \sim 12\ 000$ m;

精度 $\pm 12\%$。

e. 完成基于新型光纤式(两类)结冰传感器的结冰速率探测与融冰监测总体技术的系统原理样机。

(a) 第一类结冰探测器:

最小结冰探测下限厚度:$0.090 \sim 0.100$ mm;

结冰预警响应时间:$1.0 \sim 1.5$ s;

结冰程度和结冰强度等级:3级;

结冰程度等级阈值可设定,阈值设定步距为:0.30 mm;

结冰强度等级阈值可设定,阈值设定步距为:0.40 mm/min。

(b) 第二类结冰探测器:

最小结冰探测下限厚度:0.100 mm;

结冰报警响应时间:$1.5 \sim 2.0$ s;

结冰程度和结冰强度等级:3级;

结冰程度等级阈值可设定,阈值设定步距为:0.30 mm;

结冰强度等级阈值可设定,阈值设定步距为:0.40 mm/min。

f. 针对适航标准的要求,进行飞机结冰状态试验验证方法研究。

（2）预期研究成果。

飞机翼面结冰对气动力影响的数据库扩充与完善；

翼面结冰数值模拟计算软件系统；

新型结冰速率探测系统原理样机；

新型电脉冲防冰执行组件原理样机；

结防冰热载荷计算技术和软件系统；

梳理 FAA 和 EASA 的适航条款，基于国外适航当局、研究机构、结冰适航取证对结冰符合性验证工作进行研究，建立结冰适航取证工作的一般程序；

结冰风洞试验相似准则和模型设计要求。

（3）应用方向。

通过结冰飞行条件下，结冰形状、结冰速率的数值模拟计算软件，对飞机各升力面在不同气象条件下飞行所产生的结冰形状、速度、冰型大小进行预测预估，为 ARJ21 飞机、干线客机、大型运输机在结冰气象条件下的结冰形状、大小、速率提供计算依据，为飞机防冰系统的选型提供技术支持，为飞机的防/除冰系统设计提供技术支持，为现有飞机防冰系统的改进设计提供技术支持。

通过冰型对升力面及全机气动力特性影响的气动力数值计算及分析软件，对飞机各翼面在不同结冰气象条件下飞行时，所产生的结冰形状、结冰速度、结冰大小对升力面及全机气动力的影响进行预测预估，为 ARJ21 飞机、干线客机、大型运输机在结冰后飞行气动力的变化提供计算依据，为飞机的性能、操稳设计计算提供技术支持。

通过在不同结冰条件下，简单襟翼压力分布的变化影响和舵面铰链力矩的变化计算软件的开发，为飞机飞行品质计算、飞行模拟器的开发研究及飞行手册的编写提供基础，为 ARJ21 飞机、干线客机的结冰情况适航条例的合格审定提供技术支持。

通过本项目研制成功的新型结冰速率探测技术可以广泛地应用于各型民用飞机，使结冰概念由抽象化变为具体化，即实现了从有无结冰到有多厚的冰、结冰强度如何等方面的转化，同时解决了结冰后除冰情况无法判断的难题，不仅可以大大提高飞行安全性，同时还能降低飞机的能量消耗。该系统还可以经过改型应用于各型军用战斗机、大型运输机、轰炸机，或以其为平台的教练机、预警机、通信指挥机以及航天飞行器等项目中。

通过本项目研制成功的电脉冲除冰系统不仅可以广泛地用于取代目前飞机上采用的各型除冰方式,提高除冰效率,降低能耗,同时还可以广泛地应用于其他民用除冰领域,例如电力系统中高压输电线路除冰等,为形成最不易结冰、最小结冰形状的飞机部件几何外形的设计方法的研究奠定基础。

"民用飞机防除冰技术研究"项目主要立足国内研究开发,同时根据实际需要与国外相关企业和部门进行技术合作、技术咨询,并借助国外设备进行验证试验,项目研究成果拥有完全自主知识产权。

2) 经济效益分析和应用分析

(1) 经济效益分析。

本项目的研究目标是为民机防冰、除冰设计提供冰型参考,并为飞机防除冰的适航取证工作提供设计与验证技术。通过该课题的研究,结合目前 ARJ21 飞机的设计工作,可使国内研制民用飞机在防冰除冰的适航取证方面经历一个完整的过程,为未来各类民用飞机的防冰除冰适航取证提供有利的技术基础。同时积累分析和计算、试验数据,为后续类似构型机种的研制提供经适航认可的方法和数据,相比美国波音公司同类工作将节省研究经费约××亿美元,具有巨大的经济效益。

(2) 应用分析。

本项目的研究成果可为民机设计提供技术支持,同时还可直接应用于 ARJ21 飞机基本型的适航取证和发展型的防除冰设计。

[简析]

(1) 技术指标基本量化可考核;

(2) 预期研究成果完整,与研究内容一致;

(3) 应用方向明确;

(4) 经济效益分析有一定的参考性,如果有权威专业的分析更好。

5.3 任务分工、研究计划、经费测算

作为完成 5.1 节工作任务的保障,"任务分工、研究计划、经费测算"占技术研究任务书评审约 30% 的分值,其中:① 参研单位(5%)选取应准确、合理,具备相应资质条件;② 任务分工(5%)应合理、明确。以上两点可提出具体的要求:课题组长、副组长人选合适、称职,而且具备足够的能

力、资历和精力,项目的组织实施方式也已明确,参研单位具备相应的科研能力,工作界面和任务分工清楚(可列表给出),人员配备已经落实,专业搭配也已到位,相应的国内外试验单位和试验条件、试验时间已经落实到位,并已签署合作协议;③ 研究周期(5%)应安排合理、周详,可串行、并行方式共用,而且应有网络图作为支撑;④ 实施计划(5%)应有明确节点和要求,可操作性强。这要求任务节点既安排饱满,又考虑进度风险,留有余地和弹性,在中期等关键点处还可安排里程碑式的节点,以便上级主管机关检查;⑤ 经费测算(10%)首先应符合相关文件的要求,且分解合理,与研究内容匹配,而且经费分解需足够细化、可审查。

6 民机科技预研项目实施与验收

> "真正的核心技术、关键技术是买不来的,必须依靠自
> 主创新。"
>   ——胡锦涛《2006 年 1 月 9 日全国科技大会上的讲话》

开展民机科技预研,其目的是突破民机技术瓶颈,攻克技术难关,最终构建完整的民机技术体系。

根据中国国内航空法三级框架的划分(第一级:法律层级——民用航空法;第二级:行政法规层级——民用航空器适航管理条例;第三级:中国民用航空规章层级——适航管理程序(AP)、咨询通告(AC)、管理文件(MD)、工作手册(WM)、信息通告(IB)),围绕民用航空运行为中心的中国民用航空规章(CCAR)体系(见图 6.1[1]),主要包括了以 CCAR‐91 部运行为中心的规章体系,以 CCAR‐21 部制造为中心的规章体系,以 CCAR‐43 部维修为中心的规章体系,以 CCAR‐139 部机场为中心的规章体系,以 CCAR‐93 部空管为中心的规章体系,以 CCAR‐67 部人员为中心的规章体系,以及行政方面的规章体系和事故方面的规章体系。

本要略关注的民机科技预研主要是以 CCAR‐21 部民机制造为中心的民机这一航空产品装备完整科研活动链中的第(1)类、第(2)类、第(3)A 类活动(见第 1 章),涉及的领域包括设计集成、工程制造、试验试飞、客服支援这四大类的科学研究和技术开发,针对的技术包括经济性、安全性(此为民机需特别关注但属最基本的要求)、舒适性和环保性的科学研究和技术开发。预研进行详细分类:① 基础研究:这类研究工作主要是认识基本物理机理和性质,扩大知识范围,为新原理、新概念和新方法等在日后应用寻求科学依据。这类工作一般为远期(10 年左右)项目,不要求

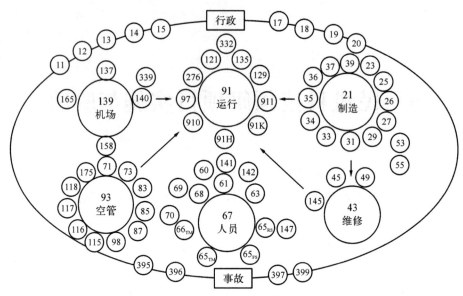

图 6.1 中国民用航空规章(CCAR)体系

直接解决当前和近期特定应用问题,其主旨是解决科学问题,奠定理论基础。② 应用研究(探索性发展)(还可分为 A 应用基础研究和 B 应用研究):这类研究工作大多为中期(5 年左右)项目,带有明确的解决问题的目标,但研究对象一般不涉及特定系统,通用性较强,其主旨是解决技术问题,奠定技术基础。③ 先期技术发展(A 先期技术发展):主要开发供试验用的新技术项目(多为部件或分系统),并通过实物试验或演示,验证新技术项目在装备研制中的可行性和经济性。这类研究一般属近期项目或可能具有型号研制背景的项目,但尚未进入正式研制阶段,是从"技术基础"通向型号研制的桥梁,先期技术演示是先期技术发展的核心任务,其主旨是验证预研成果的成熟性和实用性,以确保向型号制造商输送成熟的技术。

从基础研究到先期技术发展,其核心是利用科学原理发明和创造新技术,并通过实物试验或演示,验证新技术项目在装备研制中的可行性和经济性。怎样发明和创造新技术,有种 TRIZ 理论(由苏联的发明家和创新、创新学家根理奇·阿奇舒勒创立的"发明问题解决理论",此理论曾被称作苏联的"国术"和"点金术",是人类进行发明创造和解决技术难题过程中遵循的科学原理和法则)可应用于思考和觉悟:发明可分为 5 个等级。它能方便解决大约占 96% 的 1～3 级的发明问题,占绝对多数。这 3 个级别的发明,或是任何特定专业领域的专家、依靠个人的专业知识基本上就能进行该类创新活动,或是利用本行业的知识,其发明所用的创新方案通过与同类系统的类比即可找到,或是扩展利用领域外的知识(非其他科学领域知识)就可创新。另外约占 4% 的发明就必须要引用新的科学知识、科学原理或者新的科学发现,才能广泛应用[2]。

本章将通过基础研究、应用研究和先期技术发展三部分的预研范畴实例分别介绍其内涵,以期达到触类旁通及启发之效果。

6.1　基础研究

这类研究工作主要目的是认识航空器设计研发技术的基本物理机理和性质,发现其科学规律,扩大知识范围,为新原理、新概念和新方法等在日后设计研发应用寻求科学依据,其主旨是解决科学问题,奠定理论基础。这类研究工作一般为远期(10 年左右)项目,不要求直接解决当前和近期特定的应用问题,研究的成果一般以书面形式发表,基本为探索和发现事物科学规律等问题的理论报告、论文和论著等。

现代汉语词典定义,科学为反映自然、社会、思维等客观规律的分科知识体系。因此,基础研究的重点是通过探索去"发现"和"认识",而不是去"创造"。一切事物发展的科学规律是客观存在的,关键是看有没有人发现并认识清楚。怎样发现并认识清楚,一般指人们基于已经掌握的基本知识和观点,并能够用基本知识揭示其科学规律。例如对于与传统力学相关的事物基本都是基于牛顿三大定律去揭示其科学规律;与电磁相关的事物基本都是基于法拉第电磁感应定律去揭示其科学规律等。英国诗人亚历山大·莆柏(Alexander Pope)在牛顿 1727 年逝世时给他写了一段很著名的墓志铭,就是对他揭示"牛顿万有引力和三大定律"自然规律所做贡献的精辟概括:"自然和自然规律隐藏在茫茫黑夜之中。上帝说:让牛顿降生吧! 于是,一片光明。"

现代汉语词典定义,技术为人类利用自然和改造自然的过程中积累起来并在劳动中体现出来的经验和知识,也泛指其他操作方面的技巧。科学与技术相互之间存在如下的辩证关系:① 依据科学规律和原理可创造、发明所需的技术;② 利用工具、方法和手段,即技术可探索和发现事物更为隐秘和复杂的科学规律。因此从某种意义讲"科学"与"技术"可称为一对互为因果的"鸡"与"蛋"的关系：科学建构于技术，而技术是从科学和自身经验两个方面建立起来的。科学和技术以一种共生方式进化着，每一方都参与了另一方的创造，一方接受、吸收、使用着另一方。两者混杂在一起，不可分离，彼此依赖[3]。

顺便一提，关于牛顿的万有引力和三大定律的发现，英国人总会自豪地讲："是牛顿找到了大自然的奥秘之钥。后来还有个叫瓦特的英国人，就是改良蒸汽机的那一位。他拿着牛顿找到的这把钥匙捅开了工业革命的大门。"此话也充分证明了科学和技术的辩证关系。

现针对"直升机'空中共振'物理机理图像分析"的实例进行简介，以体会在基础研究范畴内怎样通过图像分析阐述清楚直升机产生"空中共振"动不稳定现象的科学机理。

实例：直升机"空中共振"物理机理图像分析[4]
［示范］

行业习惯把直升机的"空中共振"称为直升机"无地面边界约束"的自激不稳定运动。它若出现将会导致直升机出现破坏性事故。为了搞清楚直升机为什么会产生"空中共振"这一动不稳定现象的自然科学规律以至得出如此的行业习称，现拟对直升机"空中共振"进行物理机理图像分析，其目的就是要弄清出现此现象的物理本质，为直升机型号设计和研制避免产生"空中共振"破坏现象提供科学的依据和理论基础。

1) 机体物理模型及基本假设

为分析直升机的"空中共振"的物理机理，可暂略去一些次要因素，对物理模型、数学模型简化处理，且不失物理本质地做如下基本假设：

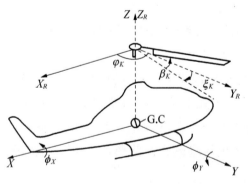

图 6.2　直升机"空中共振"分析模型

（1）直升机机体不考虑水平位移与纵向位移，只考虑横滚和俯仰位移（见图 6.2），单片桨叶只考虑基阶模态振动的挥舞与摆振运动；

（2）直升机旋翼受气动升力、阻力的影响；

（3）直升机桨叶挥舞与摆振间无气动、结构、惯性等耦合。

2) 符号及计算公式说明

β	旋翼挥舞角	
ξ	旋翼摆振角	
$\bar{h}$	桨毂离机体重心的相对距离	h/R
ϕ_X、ϕ_Y	机体绕过机体重心 X、Y 轴的转角	
γ	气动洛克数	$a_\infty b_7 \rho R^4 / 2\bar{I}$
C_X	桨叶剖面气动阻力系数	
$\bar{C}_X$		C_X / a_∞
$\bar{C}_0$		$1 + \bar{C}_X$
$\bar{I}_X$	直升机全机绕过机体重心 X 轴的惯性矩	$(I_{fX} + m_b \bar{h}^2 N)/I$
$\bar{I}_Y$	直升机全机绕过机体重心 Y 轴的惯性矩	$(I_{fY} + m_b \bar{h}^2 N)/I$
$\bar{I}_h$		$(\bar{I}_X + \bar{I}_Y)/2$
$\bar{\omega}_\beta$	桨叶挥舞基阶模态频率	
$\bar{\omega}_\xi$	桨叶摆振基阶模态频率	
φ_K	第 K 片桨叶的方位角	
N	旋翼的桨叶片数	
Ω	旋翼角速度	
R	旋翼半径	
m	桨叶单位长度质量分布	
m_b	单片桨叶质量	$\int_0^R m \, dr$
a_∞	桨叶剖面升力系数	
b_7	桨叶 0.7 位置的桨叶弦长	
ρ	空气密度	
$\bar{I}$	桨叶惯性矩	$\int_0^R m r^2 \, dr$
I_{fX}、I_{fY}	机体绕过机体重心 X 轴、Y 轴的惯性矩	

3) 理论建模

(1) 旋翼理论建模。

对于 N 片桨叶的旋翼,第 K 片桨叶的运动(广义坐标形式)表示为:

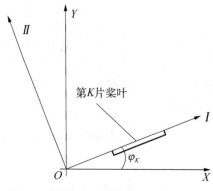

图 6.3　旋翼平面的旋转与不旋转坐标系

$$\delta_K = \delta_{K0}\cos(\omega t + \theta_K)$$

N 片桨叶的运动叠加,并向固定坐标系 X、Y 轴投影(见图 6.3),得旋翼运动为:

$$\delta_C = \frac{2}{N}\sum_{K=1}^{N}\delta_K\cos\varphi_K$$

$$\delta_S = \frac{2}{N}\sum_{K=1}^{N}\delta_K\sin\varphi_K$$

将广义坐标 δ 表示桨叶的一定运动,即挥舞、摆振等,它就具有一定的物理意义。N 片桨叶的运动叠加后有:

挥舞运动:$\beta = \beta_C + i\beta_S$,意指桨盘倾斜,以及落后 β 的 90° 的桨盘倾斜转角向量[见图 6.4(a)];

摆振运动:$\xi = \xi_C + i\,\xi_S$,意指整个旋翼重心在平面内的位移,旋转平面内的惯性力以及它们落后 ξ 的 90° 的向量[见图 6.4(b)]。

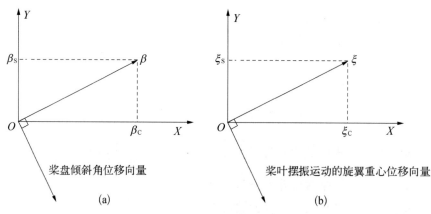

桨盘倾斜角位移向量

(a)

桨叶摆振运动的旋翼重心位移向量

(b)

图 6.4　β、ξ 的物理意义

(a) 旋翼挥舞运动　(b) 旋翼摆振运动

(2) 旋翼挥舞—机体滚转—旋翼摆振耦合运动理论建模。

旋翼挥舞—机体滚转—旋翼摆振耦合运动微分方程组为:

$$\ddot{\beta}_S + \frac{3}{2}\bar{h}\ddot{\xi}_C + (1 + \bar{I}_X)\ddot{\phi}_X - 2\dot{\beta}_C + \frac{\gamma\overline{C}_0}{4}\dot{\beta}_S + \frac{2}{3}\overline{C}_X\gamma\bar{h}\dot{\xi}_C +$$

$$\gamma\left(\frac{\overline{C}_0}{4}+\bar{h}^2\overline{C}_X\right)\dot{\phi}_X+2\dot{\phi}_Y-\frac{\gamma}{4}(1+2\overline{C}_X)\beta_C+\frac{2}{3}\overline{C}_X\gamma\bar{h}\xi_S=0$$

$$(6.1)$$

$$-\ddot{\beta}_C+\frac{3}{2}\bar{h}\ddot{\xi}_S+(1+\overline{I}_Y)\ddot{\phi}_Y-2\dot{\beta}_S-\frac{\gamma\overline{C}_0}{4}\dot{\beta}_C+\frac{2}{3}\overline{C}_X\gamma\bar{h}\,\dot{\xi}_S+$$

$$\gamma\left(\frac{\overline{C}_0}{4}+\bar{h}^2\overline{C}_X\right)\dot{\phi}_Y-2\dot{\phi}_X-\frac{\gamma}{4}(1+2\overline{C}_X)\beta_S-\frac{2}{3}\overline{C}_X\gamma\bar{h}\xi_C=0$$

$$(6.2)$$

$$\ddot{\beta}_S+\ddot{\phi}_X-2\dot{\beta}_C+\frac{\gamma\overline{C}_0}{4}\dot{\beta}_S+\frac{\gamma\overline{C}_0}{4}\dot{\phi}_X+2\dot{\phi}_Y-\frac{\gamma\overline{C}_0}{4}\beta_C+$$

$$(\bar{\omega}_\beta^2-1)\beta_S=0 \qquad\qquad (6.3)$$

$$\ddot{\beta}_C-\ddot{\phi}_Y+2\dot{\beta}_S+\frac{\gamma\overline{C}_0}{4}\dot{\beta}_C-\frac{\gamma\overline{C}_0}{4}\dot{\phi}_Y+2\dot{\phi}_X+$$

$$\frac{\gamma\overline{C}_0}{4}\beta_S(\bar{\omega}_\beta^2-1)\beta_C=0 \qquad\qquad (6.4)$$

$$\ddot{\xi}_S+\frac{3}{2}\bar{h}\ddot{\phi}_Y-2\dot{\xi}_C+\frac{\gamma\overline{C}_X}{2}\dot{\xi}_S+\frac{2}{3}\overline{C}_X\gamma\bar{h}\,\dot{\phi}_Y-\frac{\gamma}{2}\overline{C}_X\xi_C+$$

$$(\bar{\omega}_\xi^2-1)\xi_S=0 \qquad\qquad (6.5)$$

$$\ddot{\xi}_C+\frac{3}{2}\bar{h}\ddot{\phi}_X+2\dot{\xi}_S+\frac{\gamma\overline{C}_X}{2}\dot{\xi}_C+\frac{2}{3}\overline{C}_X\gamma\bar{h}\,\dot{\phi}_X+\frac{\gamma}{2}\overline{C}_X\xi_S+$$

$$(\bar{\omega}_\xi^2-1)\xi_C=0 \qquad\qquad (6.6)$$

注：$\dot{(\ )}=\dfrac{\mathrm{d}(\ )}{\mathrm{d}\varphi}=\dfrac{\mathrm{d}(\ )}{\Omega\mathrm{d}t}$；　$\ddot{(\ )}=\dfrac{\mathrm{d}^2(\ )}{\mathrm{d}\varphi^2}=\dfrac{\mathrm{d}^2(\ )}{\Omega^2\mathrm{d}t^2}$

将方程组的位移变量用复数变量表示：

$$\beta=\beta_C+\mathrm{i}\beta_S \qquad \xi=\xi_C+\mathrm{i}\xi_S \qquad \phi=\phi_X+\mathrm{i}\phi_Y \qquad (6.7)$$

在分析机体对称情况（$\overline{I}_X=\overline{I}_Y$）时，即可假设旋翼挥舞、摆振和机体运动解为：

$$\beta=\beta_0\mathrm{e}^{\lambda\varphi} \qquad \xi=\xi_0\mathrm{e}^{\lambda\varphi} \qquad \phi=\phi_0\mathrm{e}^{\lambda\varphi}$$

可进一步将上述微分方程组（6.1 式~6.6 式）转化为如下形式：

$$
\begin{bmatrix}1 & 0 & \mathrm{i}\\ 0 & 1 & \dfrac{3\bar{h}}{2}\\ 0 & \dfrac{3}{2}\bar{h} & I_h\end{bmatrix}
\begin{Bmatrix}\ddot{\beta}\\ \ddot{\xi}\\ \ddot{\phi}\end{Bmatrix}+
\begin{bmatrix}\dfrac{\gamma\overline{C}_0}{4}-2\mathrm{i} & 0 & 2+\dfrac{\gamma\overline{C}_0}{4}\mathrm{i}\\[2mm] 0 & \dfrac{\gamma\overline{C}_X}{2}-2\mathrm{i} & \dfrac{2}{3}\bar{h}\gamma\overline{C}_X\\[2mm] 0 & \dfrac{2}{3}\bar{h}\gamma\overline{C}_X & \gamma\bar{h}^2\overline{C}_X\end{bmatrix}
\begin{Bmatrix}\dot{\beta}\\ \dot{\xi}\\ \dot{\phi}\end{Bmatrix}+
$$

$$
\begin{bmatrix}
(\bar{\omega}_\beta^2 - 1) - \dfrac{\gamma \overline{C}_0}{4}\mathrm{i} & 0 & 0 \\[2mm]
0 & (\bar{\omega}_\xi^2 - 1) - \dfrac{\gamma \overline{C}_X}{2}\mathrm{i} & 0 \\[2mm]
(\bar{\omega}_\beta^2 - 1)\,\mathrm{i} - \dfrac{\gamma \overline{C}_X}{2} & -\dfrac{2}{3}\bar{h}\gamma \overline{C}_X \mathrm{i} & 0
\end{bmatrix}
\begin{Bmatrix} \beta \\ \xi \\ \phi \end{Bmatrix} = 0
$$

即

$$
M\ddot{X} + C\dot{X} + KX = 0 \qquad X = \begin{Bmatrix} \beta \\ \xi \\ \phi \end{Bmatrix} \tag{6.8}
$$

4）物理机理分析

为了对直升机"空中共振"进行物理机理分析,搞清楚直升机为什么会产生"空中共振"这一现象的自然科学规律,首先就应对微分方程式(6.8)进行数学求解。由于式(6.8)中 M、C、K 均为复数矩阵,且 C 为非比例阻尼矩阵,因此该方程不能在位移空间中解耦,而应转化为在状态空间中解耦,即将式(6.8)化为如下状态矩阵方程:

$$
\begin{Bmatrix} X \\ X \end{Bmatrix}' = \begin{bmatrix} 0 & I \\ -M^{-1}K & -M^{-1}C \end{bmatrix} \begin{Bmatrix} X \\ \dot{X} \end{Bmatrix} \qquad (M \text{ 为非奇异矩阵}) \tag{6.9}
$$

求方程式(6.9)为复数矩阵的广义特征值问题:

$$
\lambda Y = SY
$$

式中: λ 为特征值; S 为广义矩阵; Y 为特征向量。可选用标准的 QR 算法直接计算出旋翼挥舞、摆振与机体耦合的复特征值和复特征向量,并借助计算结果的物理图像解释其物理机理。

此例仅分析机体对称情况($\bar{I}_X = \bar{I}_Y$),机体非对称情况分析可见文献[4]。

首先定义计算结果曲线上字母标示符号的意义:

FA：旋翼挥舞前进型模态   FR：旋翼挥舞后退型模态

LA：旋翼摆振前进型模态   LR：旋翼摆振后退型模态

GS：机体陀螺模态

旋翼作用于机体的相对力矩为:

$$\widetilde{M} = \left[-6\bar{h}^2\ddot{\phi} - \gamma\bar{h}^2\overline{C}_X\dot{\phi} + \frac{\gamma}{4}\overline{C}_X\beta - (\bar{\omega}_\beta^2 - 1)\,\mathrm{i}\beta \right] +$$

$$\left[-\frac{3}{2}\bar{h}\ddot{\xi} - \frac{2}{3}\overline{C}_X\gamma\bar{h}\dot{\xi} + \frac{2}{3}\overline{C}_X\gamma\bar{h}\,\mathrm{i}\xi \right] \qquad (6.10)$$

$$\widetilde{M} = \frac{6}{N(\Omega R)^2 m}M \qquad (M\ \text{为旋翼作用于机体上的力矩})$$

为对旋翼挥舞—机体运动—旋翼摆振耦合运动进行分析,先选取气动洛克数 $\gamma=1.5$,由式(6.9)计算特征值与特征向量(对于桨叶摆振柔软型 $\bar{\omega}_\xi=0.8$)计算结果的图像分析得知(见图6.5～图6.7),此耦合情况是将旋翼挥舞-机体运动耦合作为一个模态,再与摆振模态相耦合得出的结果。从特征值虚部,即频率 $\bar{\omega}$ 图像可知: $\bar{\omega}_{\mathrm{LR}}$ 与 $\bar{\omega}_{\mathrm{GS}}$ 有相交之处;从特征值实部,即阻尼 $\bar{\sigma}$ 图像也可知:只有 LR 模态, $\bar{\sigma}_{\mathrm{LR}}$ 有大于零的区域,即产生动不稳定运动的区域。其物理意义如下:

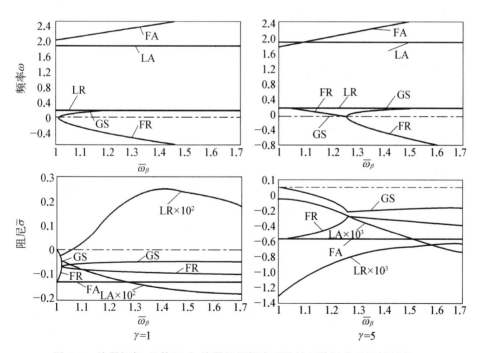

图6.5 旋翼挥舞-机体运动-旋翼摆振耦合系统特征值随桨叶挥舞频率 $\bar{\omega}_\beta$
变化曲线(机体对称状态, $\bar{I}_h=6.147$, $\bar{\omega}_\xi=0.8$)

(1) 对于 LR 模态,由于相应的特征向量比 $\left[(\boldsymbol{\xi}_0/\boldsymbol{\phi}_0)_{\mathrm{Im}}\right]_{\mathrm{LR}}$ 在任何气动洛克数情况下都大于零,这反映的现象是旋翼摆振惯性力对机体都起

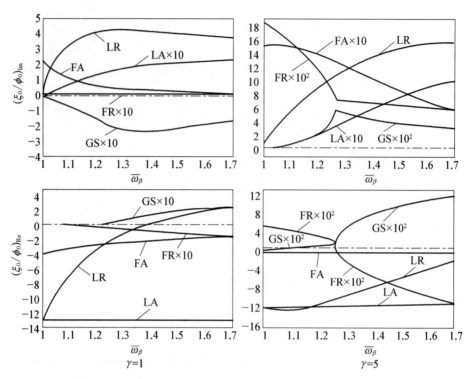

图 6.6   旋翼挥舞-机体运动-旋翼摆振耦合系统特征向量(ξ_0/ϕ_0)随桨叶挥舞频率$\overline{\omega}_\beta$变化曲线(机体对称状态,$\overline{I}_h=6.147,\overline{\omega}_\xi=0.8$)

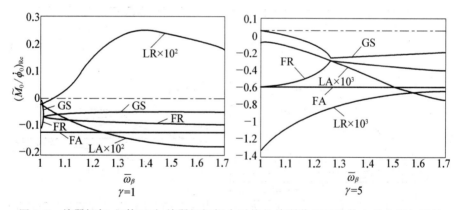

图 6.7   旋翼挥舞-机体运动-旋翼摆振耦合系统的旋翼作用于机体上的力矩与机体运动角速度之比$(\tilde{M}_0/\dot{\phi}_0)$随桨叶挥舞频率$\overline{\omega}_\beta$变化曲线(机体对称状态,$\overline{I}_h=6.147,\overline{\omega}_\xi=0.8$)

"负阻尼"作用,即旋翼摆振惯性力提供机体运动能量(见图6.8)。虽然根据式(6.10)可知,气动力通过旋翼对机体的"阻尼"作用有正有负,但$[(\xi_0/\phi_0)_{Im}]_{LR}$的变化趋势与$\overline{\sigma}_{LR}$一致,这说明旋翼摆振运动对旋翼与

机体耦合系统的动稳定性影响
很大。

　　(2) 反之,机体作用于旋翼,
主要也是通过机体运动产生的
惯性力。对于 LR 模态,从空间
运动图像(见图 6.9)可知:机体
运动时产生的惯性力对旋翼摆
振也起"负阻尼"作用,这反映机
体的运动也提供给旋翼摆振运
动能量。

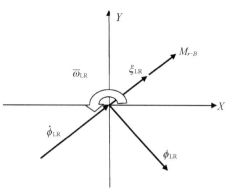

图 6.8　旋翼-机体运动矢量图
$M_{r\text{-}B}$ 为旋翼作用于机体上的力矩

　　(3) 最后,将旋翼挥舞、摆振惯性力及气动力通过旋翼运动对机体的
影响进行综合考虑。$(\tilde{M}_0/\dot{\phi}_0)_{\mathrm{Re}}$(见图 6.7)的变化规律与阻尼 σ 的变化
规律完全相同,这反映旋翼提供或消耗机体的能量同旋翼与机体耦合系
统发散或收敛的程度完全一致。

　　(4) 在气动小洛克数情况下,也只有 LR 模态,$[(\tilde{M}_0/\dot{\phi}_0)_{\mathrm{Re}}]_{\mathrm{LR}}$ 有
正值,且与 σ_{LR} 正值落在同一区域内,而且两个正值的最大值都在同一位

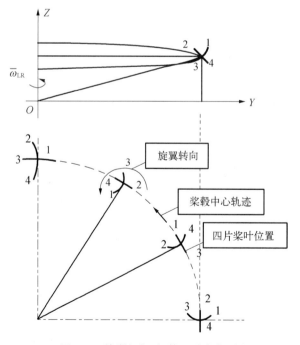

图 6.9　旋翼摆振-机体运动变化图
$\bar{\omega}_{\xi}=0.75,\ \bar{\omega}_f=0.25,\ N=4$

置。这说明：只有对应 LR 模态，旋翼作用于机体的总力矩才对机体起"负阻尼"作用，即旋翼挥舞、摆振与气动力之和会提供机体能量。

通过以上物理图像分析得出的直升机产生"空中共振"动不稳定运动现象的物理机理，可言简意赅地总结为：只有旋翼摆振后退型模态(LR)的旋翼摆振惯性力与机体运动惯性力互相激励时才会产生旋翼与机体耦合的动不稳定性运动现象；动不稳定运动最激烈处也正是旋翼提供给机体能量最大位置处。以上结论仅对桨叶摆振柔软型而言，如对于桨叶摆振刚硬型($\bar{\omega}_\xi > 1$)，无论气动力如何影响，直升机都不会产生"空中共振"动不稳定运动现象。

[简析]

此实例通过机械能量法的物理图像分析解释了直升机产生"空中共振"动不稳定运动现象的物理机理，属于预研基础研究探索自然科学原理和规律的范畴。

6.2　应用研究

应用研究的目的是探索科学研究成果(新原理、新方法)的应用可能性和技术可行性。这类研究工作大多为中期(5 年左右)项目，带有明确的解决问题的目标，但研究对象一般不涉及特定系统，通用性较强，其主旨是解决技术问题，奠定技术基础。它还可细分为应用基础研究和应用研究。成果除包括书面成果之外，还有试验用元件、部件等实物样品。

此研究范畴的主要工作核心是利用已得出的科学原理和方法创造和发明"技术"，但关键强调的是不针对特定系统，而是针对相关的系统，因此，此处创造和发明的"技术"通用性较强。只有当此相关的技术已掌握或技术问题得到解决后，可很容易推广应用到相对(一定范围内)的特定系统。

例如，20 世纪 20 年代飞机设计者们认识到在高纬度稀薄空气中可以让飞机获得更高的速度。但是在这么高的纬度上，往复式发动机甚至是压缩空气超动力发动机都无法得到足够的氧气，导致螺旋桨缺少必要的"咬力"。为了解决这个问题，喷气式发动机的发起者弗兰克·惠特尔、汉斯·冯·澳海因在想了各种方法之后，找到了一个替换活塞发动机的涡轮机的办法，最后利用燃气机轮的基本原理研发出了推进喷气式飞机的发动机[3]。这就是利用已有的基本科学原理再创造一项技术的实例。

除了现代汉语词典对"技术"做了很好的定义外,美国经济学家布莱恩·阿瑟的最新力作《技术的本质》中在谈到技术的本质时,相对于许多人只将技术看作实现目的的手段,他对技术又有了更直接的描述:技术是被捕捉到并被使用的现象,或者更准确地说,技术是那些被捕获并加以利用的现象的集合[3]。技术包括隐性技术和显性技术,隐性技术可定义为人类隐含在头脑中,并在行动中表现出的直觉、判断和独家技能,是人的"灵性",一般而言,为已经过专业学习、培训和从事专业工作多年,并已"悟道"的技术人员所独有。此隐性技术的传递方式是"只可意会,不可言传",而且还得看被传递者的"悟性"。显性技术可定义为可用显性物化载体体现和表达,并能有形传递给其他人的技术,可归纳为专业技术标准、规范、手册、技术报告、专用软件、专用实验和测试设备等。

怎样判断相关的技术已经掌握或技术问题已得到解决,一定要牢记"实践是检验真理的唯一标准"这一颠扑不破的道理。因此所得出的技术必须要用另一途径进行验证,而另一途径也是曾被验证并且确认过是正确的技术途径。目前大部分设计理论方面的技术都是通过物理实物来进行验证。另外一点还需注意,对于民机之类的高技术产品和系统,一般来讲不会第一步就直接用真实全系统验证新创造和发明的技术,而是先用相关物理模型、部件和子系统等进行验证,以达到节省经费、加快进度等目的。此类应用研究的目的也正是如此,这也是技术成熟度水平循序提高的必要步骤。

现针对"直升机传动系统机械扭振计算与试验联合建模"实例进行简介,以体会怎样通过实验测量方法探索分析得出直升机主减速器动力学规律和参数,怎样根据航空工业分工的特点结合领域外的知识创新发明了(可归类于 TRIZ 理论的第三级创新方法)分析直升机传动系统机械扭振的分支模态综合/惯性耦合法,怎样建立供实验用的传动系统物理模型,并通过试验得以验证所建立直升机传动系统机械扭振分析技术的正确性。

实例:直升机传动系统机械扭振计算与试验联合建模[5]
[示范]

1) 引言

直升机的动力传动系统是把发动机的功率传输给升力装置、平衡装置与其他附件,以保证直升机正常飞行的重要系统。它由发动机自由涡轮、主减速器、旋翼(尾桨)、一些附件和传动轴系组成。由于直升机相对其他飞行器而言,振源较为丰富,因此为保证直升机动力传动系统运转正常与可靠,其机械扭振系统的动力学设计尤为重要。

以往的动力学设计方法有两种,一种是各部件的研制单位仅仅控制本单位研制部件自身的动力学参数,这无法在设计初期达到对整个直升机动力传动系统机械扭振动力学参数进行有效控制的目的;另一种是将各齿轮系统都假设为刚体,这会导致整个传动系统的机械扭振动力学计算不太准确。为克服上述两种方法的缺陷,本节针对直升机传动系统含有旋翼(尾桨)、主减与发动机自由涡轮等多个部件分别由不同研究设计部门和公司进行研制的特点,提出了直升机动力传动系统机械扭振分析的一种新方法,即采用分支模态综合/惯性耦合法进行直升机机械扭振系统的动力学分析,以达到通过控制各分系统扭振动力学参数,进而控制整个传动系统动力学参数以及发动机与传动机械扭振系统耦合的动力稳定性的目的。

2) 旋翼桨叶有限元建模

直升机旋翼桨叶是展弦比很大的柔性梁结构,它的建模方式多种多样。为了符合真实直升机旋翼的结构形式,在这将单片桨叶作如下基本假设:

(1) 单片桨叶只考虑摆振运动,且考虑变距角的变化;

(2) 单片桨叶可离散为有限单元,每单元的质量沿展向分布假设为二次幂多项式方程变化,弦向弯曲刚度沿展向分布假设为四次幂多项式变化。

桨叶每单元质量为

$$m(x) = m_i \left(1 + \alpha_1 \frac{x}{L} + \alpha_2 \frac{x^2}{L^2} \right) \tag{6.11}$$

桨叶弦向弯曲刚度为

$$EJ(x) = EJ_i \left(1 + \beta_1 \frac{x}{L} + \beta_2 \frac{x^2}{L^2} + \beta_3 \frac{x^3}{L^3} + \beta_4 \frac{x^4}{L^4} \right) \tag{6.12}$$

式中:m_i、EJ_i 分别是单元外端(i 节点)的单位长度质量和弦向弯曲刚度;$\alpha_j (j=1,2)$,$\beta_i (i=1,\cdots,4)$ 为系数。

根据上述假设,可建立旋翼桨叶有限单元的质量矩阵与摆振刚度矩阵如下:

(1) 单元质量矩阵$[M]^e$为(以下$[N]$为形状矩阵)

$$[M]^e = \int_0^L [N]^T m(X)[N]\mathrm{d}x$$

$$= m_i[H]^T \left\{ \int_0^L \left(1 + \alpha_1 \frac{X}{L} + \alpha_2 \frac{X^2}{L^2}\right) \cdot [X]^T[X]\mathrm{d}X \right\}[H]$$

$$(6.13)$$

注:$[H]$为埃尔米特特插入函数矩阵;$[X] = [1 \quad X \quad X^2 \quad X^3]$(下同)

桨叶总质量矩阵为各单元质量矩阵的叠加,并加上各节点处的集中质量惯量。

(2) 单元弦向弹性刚度矩阵$[K_e]_1^e$为

$$[K_e]_1^e = \int_0^L \frac{\mathrm{d}^2[N]^T}{\mathrm{d}X^2} EJ(X) \frac{\mathrm{d}^2[N]}{\mathrm{d}X^2}\mathrm{d}X$$

$$= EJ_i[H]^T \left\{ \int_0^L \left(1 + \beta_1 \frac{X}{L} + \beta_2 \frac{X^2}{L^2} + \beta_3 \frac{X^3}{L^3} + \beta_4 \frac{X^4}{L^4}\right) \right.$$

$$\left. \frac{\mathrm{d}^2[X]^T}{\mathrm{d}X^2} \cdot \frac{\mathrm{d}^2[X]}{\mathrm{d}X^2}\mathrm{d}X \right\}[H] \quad (6.14)$$

单元摆振方向的弹性刚度矩阵$[K_e]^e$为

$$[K_e]^e = [L]^T[K_e]_1^e[L] - [\Gamma]^T[K_e]_2^e[\Gamma] \quad (6.15)$$

式中:$[K_e]_2^e$为单元垂直弦向的弹性刚度矩阵;$[L]$、$[\Gamma]$为转换矩阵:$[L] = \cos\theta[I]$;$[\Gamma] = -\sin\theta[I]$($\theta$:桨叶变距角)。

桨叶总摆振方向弹性刚度矩阵为各单元摆振方向弹性刚度矩阵的叠加,并加上各节点处的集中弹性刚度。

(3) 单元摆振几何刚度矩阵$[K_g]^e$(由于旋转离心力的作用)为

$$[K_g]^e = \int_0^L \frac{\mathrm{d}[N]^T}{\mathrm{d}X} N_X \frac{\mathrm{d}[N]}{\mathrm{d}X}\mathrm{d}X - \Omega^2[M]^e \quad (6.16)$$

式中:N_x为桨叶X处的离心力;Ω为旋翼转速。

3) 直升机动力/传动/旋翼(尾桨)机械扭振动力学建模

将复杂的主减速器作为一个"黑盒子",通过理论分析或实测其扭振模态参数之后,将其进行动力相似模型转化,然后按能量相等原理将整个直升机动力/传动/旋翼(尾桨)机械扭振系统转化成刚盘轴系扭转与旋翼摆振集合型模态弹性耦合的、离散化的有限元动力模型,并且以同一转速(旋翼转速)旋转,最后再分解成旋翼、主减速器动力相似模型以及其他轴系三个动态子结构,并以此转化成变形互不重叠的三类分支:

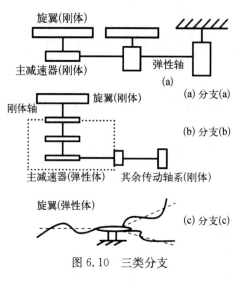

图 6.10　三类分支

分支(a)——旋翼与主减速器动力相似模型做刚体运动,其他传动轴系做弹性变形运动的分支[见图 6.10(a)]。

分支(b)——主减速器动力相似模型做弹性变形运动,而旋翼与其他传动轴系做刚体运动的分支[见图 6.10(b)]。

分支(c)——主减速器动力相似模型与其他传动轴系不做任何变形运动(相当于"固定"),旋翼桨叶作为旋转弹性梁做弹性摆振变形运动的分支[见图 6.10(c)]。

(1) 分支(a)扭振主模态的确定。

假设分支(a)动力有限元模型的质量与刚度矩阵为:

$$[M]_{L \times L}^{(a)};\ [K]_{L \times L}^{(a)}$$

将此分支(a)动力有限元模型的自由扭转振动的运动方程化为广义特征值问题:

$$[K]_{L \times L}^{(a)} \{U\}_{L}^{(a)} = \lambda^{(a)2} [M]_{L \times L}^{(a)} \{U\}_{L}^{(a)} \tag{6.17}$$

式中:$\{U\}_{L}^{(a)} = [\varphi_1, \varphi_2, \cdots, \varphi_L]^{(a)\mathrm{T}}$ ——各刚盘转角变形向量

得出:N_a 阶主模态为:

$$\lambda_i^{(a)};\ \{U\}_i^{(a)} (i = 1, 2, \cdots, N_a \leqslant L)$$

以此构成分支(a)的主模态振型矩阵:

$$\boldsymbol{X}^{(a)} = [\{U\}_1, \{U\}_2, \cdots, \{U\}_{N_a}]^{(a)}$$

求出分支(a)的模态质量和模态刚度如下：

$$\bar{m}_i^{(\mathrm{a})} = \{U\}_i^{(\mathrm{a})\mathrm{T}} [M]_{L \times L}^{(\mathrm{a})} \{U\}_i^{(\mathrm{a})} \tag{6.18}$$

$$\bar{k}_i^{(\mathrm{a})} = \bar{m}_i^{(\mathrm{a})} \lambda_i^{(\mathrm{a})2} (i = 1, 2, \cdots, N_\mathrm{a} \leqslant L) \tag{6.19}$$

（2）分支(b)主模态的确定。

理论分析类似于上节。对于实际情况，像主减这种复杂部件，扭振模态质量和模态刚度可通过实测得到。

（3）分支(c)主模态的确定。

由于直升机旋翼桨叶沿展向的质量与刚度分布对每片桨叶是相同的，而且与传动轴系扭转弹性耦合作用的只有旋翼摆振集合型模态（旋翼的各片桨叶作为弹性梁以同振幅、同频率和同相位振动）。因此，绕旋转轴旋转、产生摆振运动的 N 片桨叶的旋翼模型可当量为 N 片桨叶固连在一起的一根弹性梁（质量、刚度分布为单片桨叶的 N 倍）绕原旋转轴旋转且产生摆振运动的模型。

假设此旋转弹性梁离散为 K 自由度有限元模型的质量、刚度矩阵为：

$$[M]_{K \times K}^{(\mathrm{c})}; [K]_{K \times K}^{(\mathrm{c})}$$

将此分支(c)动力有限元模型自由扭转振动的运动方程化为广义特征值问题：

$$[K]_{K \times K}^{(\mathrm{c})} \{U\}_L^{(\mathrm{c})} = \lambda^{(\mathrm{c})2} [M]_{K \times K}^{(\mathrm{c})} \{U\}_L^{(\mathrm{c})} \tag{6.20}$$

式中：$\{U\}_L^{(\mathrm{c})} = [\nu_1, \theta_1, \cdots, \nu_{K/2}, \theta_{K/2}]^{(\mathrm{c})\mathrm{T}}$ ——弹性梁各节点的位移、转角变形向量

得出 N_c 阶主模态：

$$\lambda_i^{(\mathrm{c})}; \{U\}_i^{(\mathrm{c})} (i = 1, 2, \cdots, N_\mathrm{c} \leqslant K)$$

以此构成分支(c)的主模态振型矩阵：

$$X^{(\mathrm{c})} = [\{U\}_1, \{U\}_2, \cdots, \{U\}_{N_\mathrm{c}}]^{(\mathrm{c})}$$

求出分支(c)的模态质量和模态刚度如下：

$$\bar{m}_i^{(\mathrm{c})} = \{U\}_i^{(\mathrm{c})\mathrm{T}} [M]_{K \times K}^{(\mathrm{c})} \{U\}_i^{(\mathrm{c})}$$

$$\bar{k}_i^{(\mathrm{c})} = \bar{m}_i^{(\mathrm{c})} \lambda_i^{(\mathrm{c})2} (i = 1, 2, \cdots, N_\mathrm{c} \leqslant K) \tag{6.21}$$

（4）模态综合/惯性耦合技术。

将各分支模态矩阵张成全位形空间形式：

$$\boldsymbol{Z}_a = \boldsymbol{B}_a \boldsymbol{X}^{(a)}, \ \boldsymbol{Z}_b = \boldsymbol{B}_b \boldsymbol{X}^{(b)}, \ \boldsymbol{Z}_c = \boldsymbol{B}_c \boldsymbol{X}^{(c)}$$

因此，分支(a)、分支(b)和分支(c)的质量、刚度矩阵分别为

$$[M]^{(a)}_{L \times L} = B_a^T [M] B_a; \ [K]^{(a)}_{L \times L} = B_a^T [K] B_a$$

$$[M]^{(b)}_{J \times J} = B_b^T [M] B_b; \ [K]^{(b)}_{J \times J} = B_b^T [K] B_b$$

$$[M]^{(c)}_{K \times K} = B_c^T [M] B_c; \ [K]^{(c)}_{K \times K} = B_c^T [K] B_c$$

式中：$[M]$为完整系统质量矩阵；$[K]$为完整系统刚度矩阵。

进行瑞莱-李兹分析：

$$U = Z \cdot q$$

式中：
$$\boldsymbol{Z} = [Z_a, Z_b, Z_c];$$

q 为广义坐标。

瑞莱-李兹分析方程为：

$$(\boldsymbol{K}^* - \omega^2 \boldsymbol{M}^*)q = 0 \qquad (6.22)$$

其中：

（1）广义刚度矩阵（根据变形不重叠原则）为：

$$\boldsymbol{K}^* = \boldsymbol{Z}^T [K] \boldsymbol{Z}$$
$$= \begin{bmatrix} \mathrm{diag}(\bar{k}_1^{(a)}, \cdots, \bar{k}_{Na}^{(a)}) & 0 & 0 \\ 0 & \mathrm{diag}(\bar{k}_1^{(b)}, \cdots, \bar{k}_{Nb}^{(b)}) & 0 \\ 0 & 0 & \mathrm{diag}(\bar{k}_1^{(c)}, \cdots, \bar{k}_{Nc}^{(c)}) \end{bmatrix}$$

（2）广义质量矩阵为：

$$\boldsymbol{M}^* = \boldsymbol{Z}^T [M] \boldsymbol{Z}$$
$$= \begin{bmatrix} \mathrm{diag}(\bar{m}_1^{(a)}, \cdots, \bar{m}_{Na}^{(a)}) & Z_a^T [M] Z_b & Z_a^T [M] Z_c \\ \text{对} & \mathrm{diag}(\bar{m}_1^{(b)}, \cdots, \bar{m}_{Nb}^{(b)}) & Z_b^T [M] Z_c \\ & \text{称} & \mathrm{diag}(\bar{m}_1^{(c)}, \cdots, \bar{m}_{Nc}^{(c)}) \end{bmatrix}$$

广义质量矩阵 $\boldsymbol{M}^*$ 中的子块：

$$\boldsymbol{Z}_a^T [M] \boldsymbol{Z}_b; \ \boldsymbol{Z}_a^T [M] \boldsymbol{Z}_c; \ \boldsymbol{Z}_b^T [M] \boldsymbol{Z}_c$$

在力学上意味着(a)-(b)-(c)分支,即旋翼动态子结构、主减速器动态子结构与其他传动轴系动态子结构的惯性耦合。

由式(6.22)求出完整系统——直升机动力/传动/旋翼(尾桨)机械扭振动力模型的主模态(即扭振固有频率与振型):

$$\omega_j;\ q_j \rightarrow \omega_j;\ U_j(j=1,2,\cdots)$$

4) 实例计算及试验验证

为了对上述分支模态综合/惯性耦合法应用于直升机动力传动系统上的机械扭振分析进行验证,以某实物的直升机旋翼/传动/减速器动力传动系统模拟件(见图 6.11)(包括电机、传动轴、变速与变向齿轮箱、旋翼模拟件等部件组成)为实例进行了计算分析,包括变速齿轮箱的试验建模,最后通过实验进行了验证。

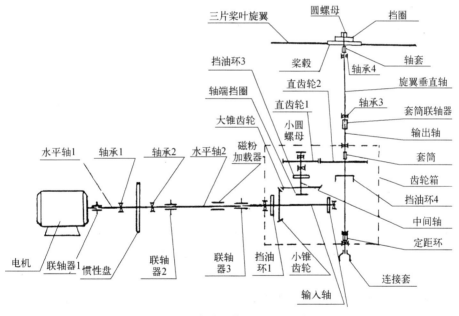

图 6.11 直升机传动系统模拟件

(1) 变速齿轮箱试验及动力相似模型建模。

首先将图 6.11 的两对变速、变向的齿轮箱(可模拟直升机的主减速器)输出端固支,在输入端施加扭力矩,消除其间隙(此模拟齿轮箱实际传扭工作状态),测出输入、输出端之间的扭转刚度:

$$K_{扭} = 5.696 \times 10^3\ \text{kg} \cdot \text{m/rad}$$

其次,在齿轮箱输入端进行扭振激励,测出对应如下输入端转动惯量的扭振频率。

输入端刚盘的转动惯量:

$$I_0 = 0.307\,121\,5 \text{ kg} \cdot \text{m}^2$$

整个齿轮箱输入、输出端之间的转动惯量:

$$I_e = 0.315\,760\,5 \text{ kg} \cdot \text{m}^2$$

测出的前三阶扭振频率:

$$60.0 \text{ Hz}, \quad 820 \text{ Hz}, \quad 1\,630 \text{ Hz}$$

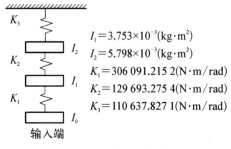

$I_1 = 3.753 \times 10^{-3} (\text{kg} \cdot \text{m}^2)$
$I_2 = 5.798 \times 10^{-3} (\text{kg} \cdot \text{m}^2)$
$K_1 = 306\,091.215\,2 (\text{N} \cdot \text{m/rad})$
$K_2 = 129\,693.275\,4 (\text{N} \cdot \text{m/rad})$
$K_3 = 110\,637.827\,1 (\text{N} \cdot \text{m/rad})$

图 6.12 动力相似模型

依据齿轮箱扭转刚度、转动惯量及扭振动力特性测量的参数,根据方程(6.22)以及转动惯量与扭转刚度方程,建立目标函数,用优化方法中的多面体法进行计算得出当量成刚盘——扭簧的动力相似模型(见图 6.12),其中动力学参数与测量结果相比,最大误差仅为 10.62%。

(2) 传动系统模拟件扭振固有特性测量。

直升机传动系统模拟件(见图 6.11)扭振动态响应采用应变测量的方法进行测试。此动力传动系统模拟件分别在传动水平轴、垂直轴、旋翼模拟件等不同的位置布置 8 个测点,测试原理如图 6.13 所示。在齿轮输入端用无接触磁粉加载器进行加载,不同测点的应变信号通过引电器传出后,分别与电桥盒组成半桥测量电路,再通过动态电阻应变仪读出数据,经 A/D 转换后,由微机版 CRAS 振动信号分析软件分析扭振信号功率谱图后,得出此传动系统的扭振固有频率(见图 6.14 和表 6.1)。

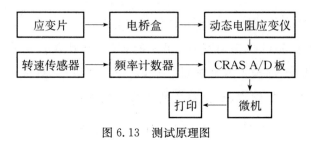

图 6.13 测试原理图

表 6.1 扭振固有频率测试值

阶 数	转速/r·min⁻¹					
	0	360	504	648	792	936
2	—	16.50	13.50	17.00	19.00	18.00
3	67.50	74.00	69.00	85.00	80.50	85.00
4	166.5	179.0	178.0	179.0	179.0	185.0
5	200.0	205.0	220.0	212.5	218.0	220.0

注：第 1 阶频率为 0 Hz，代表刚体运动。

（3）传动系统模拟件扭振固有特性计算。

将旋翼模拟件、齿轮箱动力相似模型以及其他传动轴等分解为三类变形互不重叠的分支系统，再分别计算出此三类分支系统的扭振固有特性如下：

分支（a）——传动轴系分系统模态计算

截断取前 5 阶模态频率（模态振型：略）：

$$0 \text{ Hz}, 22.94 \text{ Hz}, 208.2 \text{ Hz}, 320.1 \text{ Hz}, 673.2 \text{ Hz}$$

（旋翼模拟件与齿轮减速器作为刚体）

分支（b）——齿轮减速器分系统模态计算

依据图 6.12 齿轮减速器当量相似模型的动力学参数计算前 3 阶模态频率（模态振型：略）：

$$33.21 \text{ Hz}, 904.6 \text{ Hz}, 1783 \text{ Hz}$$

（齿轮减速器输出端固支，输入端传动轴系作为刚盘）

分支（c）——旋翼桨叶模拟件分系统模态计算

截断取前 4 阶模态频率（模态振型：略）：

$$10.14 \text{ Hz}, 128.3 \text{ Hz}, 446.3 \text{ Hz}, 930.4 \text{ Hz}$$

（针对旋翼转速 $\Omega = 0$ r/min 状态，其他传动轴系与齿轮减速器不产生任何扭转变形）

在各分支系统的扭振模态参数计算之后，再经分支模态综合/惯性耦合计算，得出整个传动机械扭振系统的扭振频率（见图 6.14 和表 6.2）。

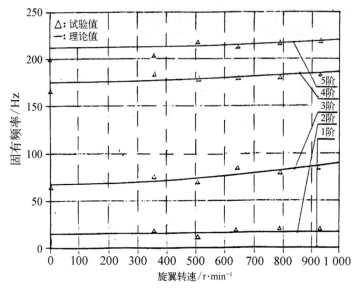

图 6.14　传动系统模拟件固有频率随旋翼转速变化图

表 6.2　扭振固有频率计算值

阶　数	转速/r·min⁻¹					
	0	360	504	648	792	936
2	15.36	15.70	15.97	16.26	16.55	16.83
3	67.95	71.29	74.34	78.21	82.75	87.85
4	175.2	177.1	178.8	180.8	183.1	185.5
5	212.1	213.0	214.0	215.4	217.2	219.6

注：第 1 阶频率为 0 Hz，代表刚体运动。

　　最终将整个计算结果与表 6.1 实验结果进行对比看出，前四阶振动模态在转速 900 r/min 以内理论与试验误差为 12% 左右，说明理论计算与试验有很好的一致性。另外，从计算结果与实验结果可以看出，旋翼与传动系统耦合后，以旋翼桨叶摆振一阶模态为主（第 2 阶模态）的频率比单旋翼桨叶的模态频率提高了 51% 左右，这一结果应引起旋翼动力学研究人员的注意。

　　5）结论

　　通过算例与实验结果的对比验证得出如下结论：

　　（1）用分支模态综合/惯性耦合法计算整个直升机传动系统机械扭振动力特性，计算结果准确可靠。

（2）这种分析方法可先通过掌握与控制各分系统的扭振动力学参数，进而达到控制整个传动系统机械扭振动力学参数的目的。

（3）对于一些复杂部件，如主减速器，可将其先通过实验，测出其动力学参数，再当量成动力相似模型，串入整个动力传动系统进行机械扭振分析。这可避免由传统的仅用齿轮刚盘——轴系扭簧计算所产生的对主减扭振动力学特性描述不准、致使整个传动系统机械扭振动力学特性计算不准或漏振动模态的现象。

[简析]

此为典型的应用研究的实例，具体体现如下：

（1）首先将复杂的主减速器作为一个"黑盒子"，用实验法探索了主减速器的扭振动力学特性，并用理论进行了模拟；

（2）接着建立了直升机动力/传动/旋翼（尾桨）机械扭振动力学理论模型，并建立了完整的模拟试验件，通过相关模型的物理试验对理论模型进行了验证，达到了应用研究的效果。

6.3 先期技术发展

先期技术发展的主要目的是开发供试验用的新技术项目（多为部件或分系统），并通过实物试验或演示，验证新技术项目在装备研制中的可行性和经济性。这类研究一般属近期项目或可能具有型号研制背景的项目，但尚未进入正式研制阶段，是从"技术基础"通向型号研制的桥梁。先期技术演示是先期技术发展的核心任务，其主旨是验证预研成果的成熟性和实用性，以确保向型号制造商输送合格的技术产品。

根据此类工作范畴的性质，也有人称其为"演示验证"，这是针对民用飞机等高技术产品研发所必须经历的，而且需不折不扣完成的工作范畴，其次还有关键 3 点必须认清：① 这是带有明确型号研制背景的，而且在产品正式研制之前必做的科研项目；② 此阶段的目标是通过实物试验或演示，验证新技术项目在装备研制中的可行性和经济性；③ 此阶段工作的目的是通过验证预研成果的成熟性和实用性，最终确保向型号制造商输送成熟的技术。也就是说，只有通过此先期技术发展的工作，才能使系统众多而且复杂的高技术民机产品技术成熟度水平（TRL）得到验证，并使其达到 TRL6～TRL7 的程度，以满足民用飞机型号研制前要求的技术状态。从某种意义上讲，这就是民机产品能否正式开始立项研制的技术质量评判标准。

技术成熟度水平 TRL6、TRL7 级划分的标准可简介为：TRL6—以系统或分系统原型为载体完成相关环境实验；TRL7—以系统原型为载体完成典型使用环境验证。对民机产品而言,达到 TRL7 程度就是民机必须完成空中典型飞行状态下的飞行试验验证。

民机产品由于其系统众多和复杂,往往在开展先期技术发展即演示验证时,已不仅仅是单项技术的验证了,而是技术体系的集成验证。为此,预研工作进入到此阶段之前,所需演示验证的系统原型在对应的技术体系中如还有某些不成熟的单项技术,就必须在前一阶段即应用研究阶段加以解决,这就是民机技术发展和进步的科学规律,每个阶段的科研活动不可缺少。

技术体系可定义为研发某特定复杂系统产品(即系统原型)所包括的各专业分类系列技术的综合。

现对"旋翼原理样机演示验证"实例进行简版总结,以体会直升机旋翼原理样机是怎样通过研发、设计、实验室实验、地面试验等关键技术攻关乃至空中典型状态下的飞行试验,最终将旋翼系统所包括的各种技术进行了验证,完全达到了旋翼原理样机开展演示验证的目的,这为后期直升机产品有关先进球柔性桨毂、复合材料桨叶的旋翼系统研制提供了完整的成熟技术支撑。

实例：旋翼原理样机演示验证总结(简版)

[示范]

1) 概述

全尺寸旋翼系统原理样机的研制,从"八五"课题立项至飞行验证试验,历经了两个五年计划,全面达到了预定的技术目标,取得了丰硕的预研成果。现将全尺寸旋翼系统原理样机的研制工作重点概述如下。

(1) 设计依据。

a. "八五"预研项目——25B1 直升机关键技术研究任务书；

b. 中航总技字[1994]136 号关于"25B1.1 旋翼原理样机研制方案"的批复；

c. "九五"预研项目——37.6.4 旋翼原理样机装机地面运转试验任务书。

（2）技术要求及研制目标。

a. 技术要求。

（a）探索新型旋翼结构形式的可行性与先进性——简化构造，减少零件数量，降低结构重量，减少气动废阻以及降低成本；

（b）提高直升机的飞行性能和机动能力；

（c）降低旋翼系统的振动和噪声水平；

（d）带动复合材料、硬质泡沫塑料等国产材料的工程化应用；

（e）推动旋翼制造工艺水平和相关试验技术的提高。

b. 研制总目标。

旋翼原理样机设计研制的总目标是：针对未来直升机技术发展方向和背景型号的需求，综合应用"六五""七五"直升机关键技术的预研成果，利用国内现有的设计软件，选用国产材料、工艺和试验等技术，研制一副先导性的、具有特色和发展应用前景的先进旋翼系统。通过走完原理样机研制的全过程，完成必要的试验和试飞验证，以突破主要关键技术，掌握配套的、工程化的研制技术，走出自行研制旋翼系统的新路子，为新机的旋翼系统研制提供成熟的技术支撑。

c. 技术指标。

（a）旋翼悬停品质因素 0.65（相对于旋翼拉力为 2 000 kg）与法国 AS350B1 机相比提高 3%，即相同可用功率状态下，直升机起飞重量增加 60 kg，旋翼装直 11 型机无地效静升限增加 200 m，动升限增加 170 m；

（b）前飞巡航速度状态下，2 000 kg 飞行重量时其升阻比大于 5.9，与法国 AS350B1 机相当；

（c）球柔性桨毂比法国 AS350B1 机星型柔性桨毂零件数减少 15%，阻力系数减少 19% 左右，具有结构简单、零件少、使用维护方便的优点；

（d）旋翼桨机的装机振动、噪声水平优于法国 AS350B1 型机。

（3）旋翼技术发展方向和背景机的需求分析。

从目前旋翼技术发展趋势看，中等吨位的高性能直升机如 EH-101、SA365-4、米-28、S-70（UH-60）等机型较多地采用了球柔性旋翼形式。为解决未来战术通用运输型直升机旋翼系统关键技术，旋翼原理样机采用球柔性桨毂构型是十分合理的选择。旋翼原理样机的研制，将为战术通用运输直升机旋翼系统的研制解决设计、分析、试验以及复合材料桨叶、钛合金桨毂制造工艺等各方面的关键技术奠定坚实的基础。全尺寸旋翼系统的全过程自行研制(包括试验和试飞),为开拓专武旋翼系统的国际合作提供了必要的技术保证,为消化吸收专武旋翼合作成果创造了有利的条件。

(4) 研制的基本原则。

a. 旋翼原理样机以"小松鼠"机作为试验机,其总体、动力学参数以及主要节点尺寸、边界接口参数与试验机协调一致。

b. 旋翼系统的结构选材设计以及试制工艺技术等,立足于国内现有条件和水平,并积极应用直9国产化的技术成果。

c. 设计分析技术充分利用已有的和正在开发的软件及成果。

d. 在研制过程中,按型号管理的要求,建立畅通有效的技术协调和指挥渠道,加强系统工程管理,强化、细化网络计划管理。

(5) 旋翼原理样机研制质量控制。

旋翼原理样机在整个研制过程中认真贯彻国防科工委颁发的"军工产品质量管理条例"和航空规[1994]13号"关于预研课题质量控制条例(暂行)",在研制的全过程中实施全面的有效质量控制,其中包括设计、试验件的加工、阶段的评审以及各类试验等。保证了整个预研工作的质量。

(6) 研制程序与设计完善过程。

旋翼原理样机的研制是严格按照军机型号研制程序的要求而进行的,到目前为止,已经完成了六个阶段,共16个步骤的研制过程;详见图6.15。

a. "八五"预研取得的成果。

(a) 设计技术:

旋翼原理样机球柔性桨毂和桨叶设计整套图纸,共700多张A4纸,主要技术文件110多份,完成性能、动力特性、静力和疲劳试验共11项。

(b) 计算分析软件:

经试验初步验证的一整套旋翼设计、计算分析软件,其中包括:

旋翼气动性能、桨叶铰链力矩与旋翼桨叶优化设计计算软件;

旋翼载荷计算、强度计算与动力学计算软件;

旋翼与转台(和试验机)耦合的动力学以及旋翼动部件疲劳寿命的计算软件;

旋翼结构设计与复合材料桨叶剪裁铺层计算软件等。

(c) 试验技术:

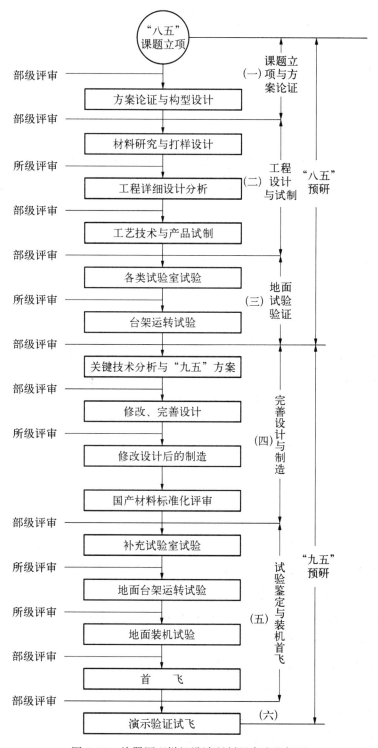

图 6.15 旋翼原理样机设计研制程序流程框图

桨叶静强度、静刚度及动力特性测量技术；粘弹性阻尼器、弹性轴承的性能与疲劳试验技术以及部分桨毂组件的疲劳试验技术。

（d）材料研究：

桨叶复合材料预浸料及硬质泡沫塑料全部采用国产材料，为国产复合材料预浸料及高性能硬质泡沫塑料的工程化应用探索了道路。

（e）工艺技术：

复合材料桨叶研制的共固化技术。初步建立健全了具有我国特色的工艺装备和生产能力以及相应的试验设备和测试手段，全面带动了硬件研制的相关技术的发展。

（f）硬件工作：

2 副钛合金桨毂、13 片碳/玻璃纤维复合材料桨叶、12 个弹性轴承、12个粘弹性阻尼器、工装 38 套、样板 104 块、桨叶模具 1 套。

b. "九五"研制工作。

（a）"九五"研制目标：

在"八五"研制工作的基础上，完成旋翼系统改进设计、制造和必需的实验室及地面台架运转试验，包括性能、载荷、耐久性试验与装机地面运转试验，系统具备装机进行飞行演示验证条件，实现首飞并进入演示验证。

（b）设计的改进工作：

桨毂连接件耳孔与销孔进行增加挤压抛光，以提高疲劳寿命；

桨毂粘弹性阻尼器与中央件连接接头的铝合金件改钛合金件以提高疲劳寿命；

粘弹性阻尼器自润滑轴承连接处接头的改进设计，以提高可靠性；

粘弹性阻尼器、弹性轴承的性能稳定性硫化压模技术研究；

复合材料硬质泡沫压强提高；

将 OA212MK 翼型改为 OA212MKT 翼型，使铰链力矩下降到试验机结构可以接受程度；

桨叶重心位置偏移以及翼型更改引起的材料铺层和结构设计改进。

（c）补充的试验室试验：

钛合金桨毂修改后的连接件、粘弹性阻尼器接头及摇臂等疲劳试验；

钛合金桨毂中央件疲劳试验（包括试验台设计、制造、调试、测试设备补充配置）；

粘弹性阻尼器、弹性轴承性能与疲劳试验；

桨叶翼型段的疲劳试验。

（d）补充的地面转台运转试验：

为了验证改进后的"九五"旋翼原理样机的结构协调性、功能以及耐久性，在地面旋转试验台上进行了 200 小时运转试验，为装机运转、实现首飞和飞行验证提供了安全保障。

（e）装机地面运转试验：

旋翼装机调试及桨叶同锥度检查；

"地面共振"检查试验；

旋翼装机的几何、运动相容性检查试验；

旋翼装机的振动检查试验。

c. 旋翼原理样机装机首飞与飞行演示验证。

经过"八五""九五"两个五年的预研工作，旋翼原理样机的研制及飞行验证前期工作取得了巨大进展，完成了设计分析、工艺试制、试验室试验、运转台架试验及装机地面运转试验，1999 年 12 月 5 日完成了样机装于直 11 型 03 架机的首飞；在完成地面台架 200 小时的耐久性试验基础上，按飞行演示验证大纲要求于 2001 年 1 月完成了原准机及旋翼原理样机 77 架次/82 小时的对比飞行演示验证工作（见图 6.16）。试飞内容包括悬停、平飞和爬升性能、平衡和静稳定性、机动性、操纵性和稳定性、小拉杆载荷、振动和噪声等 20 项，取得了大量飞行数据。试验结果表明：在 26 项可比指标中，旋翼原理样机有 14 项明显优于原准机旋翼，有 9 项基本相当，只有 3 项劣于原准机旋翼。特别值得一提的是悬停效率、有效悬停升限和无效悬停升限、航程等指标比原准机有较大提高。试飞验证结论如下：

图 6.16　旋翼原理样机演示验证

（a）旋翼原理样机的基本气动性能（悬停效率、悬停升限、最大平飞速度、爬升率、动升限、自转下降率、航程、续航时间等）均优于原准机旋翼。

（b）平衡特性二者基本相当。装旋翼原理样机后纵、横向静稳定性均达到 GJB902-90 等级 1 的要求。

（c）二者的低空机动性均令人满意，二者的过载梯度基本一致，稳定盘旋特性基本一致，均不受操纵限制。

（d）装旋翼原理样机的俯仰操纵灵敏度、俯仰阻尼（等级 1）均优于原准机；俯仰操纵功效（等级 1）、俯仰操纵响应二者相当。装旋翼原理样机的横向操纵灵敏度、横向操纵功效和横向操纵响应均优于原准机；滚转阻尼和滚转 30°所需时间 t_{30} 二者相当；航向操纵性二者相当。

（e）装旋翼原理样机的纵向动稳定性优于原准机，短周期响应位于 ADS-33 等级 1，GJB902-90 等级 3（靠近等级 2 线），非周期根为等级 1。装旋翼原理样机的横向动稳定性明显优于原准机，位于 ADS-33 和 GJB902-90 等级 1 范围内，原准机处于等级 3 右侧。

（f）在大于 180 km/h 平飞及盘旋、下滑状态，装旋翼原理样机的一阶振动水平优于原准机，特别是二阶振动水平比原准机明显降低，其他状态与原准机相当。在各种飞行状态下，均满足 GJB902-90 规范要求。

（g）装旋翼原理样机的机内噪声测试结果表明：右驾驶员耳位，悬停状态相当或略低于原准机，大多数状态相当或略高于原准机；后排乘员耳位，小速度状态相当或略低于原准机，大速度状态低频噪声基本相当，高频噪声相当或略低于原准机；悬停、盘旋和下降时，相当或低于原准机。

（h）装旋翼原理样机的变距拉杆载荷稳定分量在各种平飞速度下均大于原准机旋翼；平飞速度大于 150 km/h 时，旋翼原理样机的变距拉杆载荷半幅值随平飞速度的提高增长地更快。

（i）旋翼原理样机的变距拉杆满足静强度要求；飞行状态所测得的数据和分析表明变距拉杆的安全使用寿命不小于 1 000 飞行小时。

（j）旋翼原理样机装于原准机后，在所测的悬停、盘旋、平飞科目和过载、机动飞行科目中助力器受载最大值与原准机相当。

旋翼原理样机与原准机旋翼特性对比如表 6.3 所示。

表 6.3 基本性能参数比较

飞行状态和参数		原准机（装法国旋翼）	原准机（装旋翼原理样机）	旋翼原理样机比法国旋翼
飞行状态	参 数			
$G = 2\,000$ kg	悬停效率(F.M)	0.67	0.714	提高 6.5%
$G = 2\,000$ kg	无效地悬停升限(m)	3 000	3 690	提高 690 m
$G = 2\,000$ kg	有效地悬停升限(m)	3 750	4 290	提高 540 m
$H = 0$ m $n_1 = 100.8\%$	最大平飞速度(km/h)	248	250	提高 2 km/h
$H = 0$ m $n_1 = 98\%$	最大平飞速度(km/h)	228	232	提高 4 km/h
$H = 0$ m $G = 2\,000$ kg $n_1 = 100.8\%$	垂直爬升率(m/s)	7.65	8.78	提高 1.13 m/s
$H = 0$ m $G = 2\,000$ kg $n_1 = 98\%$	最大爬升率(m/s)	9.8	10.45	提高 0.65 m/s
$G = 2\,000$ kg	动升限(m)	5 400	5 700	提高 300 m
$G = 2\,000$ kg	最小自转下降率(m/s)	9.8	9.49	减少 0.31 m/s
$H = 200$ m $G = 2\,000$ kg	千米耗油量(kg/km)	0.714	0.67	航程提高 7%
$H = 200$ m $G = 2\,000$ kg	小时耗油量(kg/h)	98.3	94	续航时间提高 4.5%

2）旋翼原理样机通过研制并演示验证得出最终的结论

（1）旋翼原理样机解决的关键技术。

旋翼原理样机的设计与研制周期较短、新技术多、难度大，经过与协作单位的共同努力，全面完成了研制目标，主要解决了 9 项关键技术和技术难点：

a. 针对国产复合材料和填芯材料的特点，解决了复合材料桨叶采用碳纤维和玻璃纤维混合铺层的剪裁设计技术，为了有效地保证桨叶剖面特性和动力学特性，还首次解决了带尖削桨尖的桨叶结构承力布置、质量配平以及设计补偿等技术难点。

b. 在桨叶气动设计中，解决了新研制翼型高气动性能与大操纵铰链力矩这一对相互矛盾的技术难点,为高效率的桨叶设计提供了技术保证。

c. 针对国产复合材料和填芯材料的属性,解决了桨叶大压模中温共固化一次成型的工艺难关。

d. 在粘弹性阻尼器研制中,解决了橡胶高分子材料提供高阻尼特性以及与金属材料的粘接性问题,同时保证了高低温状态下性能稳定与良好的疲劳特性。

e. 解决了钛合金桨毂加工和热处理技术,以及以中央件为主的桨毂组件疲劳特性试验关键技术,准确预估了该动部件的疲劳寿命(见图6.17)。

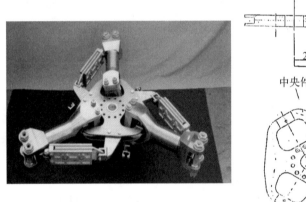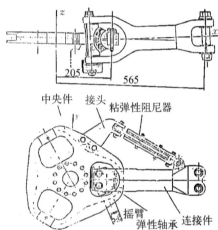

图6.17　旋翼原理样机球柔性桨毂结构及示意图

f. 解决了复合材料桨叶疲劳特性试验的关键技术,准确预估了桨叶的疲劳寿命。

g. 针对复合材料桨叶变形量大的特点,解决了桨叶剖面刚度测量,特别是在旋转状态下振动特性测量的技术难点。

h. 解决了旋翼系统在地面转台运转过程中性能测量,特别是操纵铰链力矩测量的技术难点。

i. 解决了新型先进旋翼系统与飞行验证载机几何、运动、动力、功率、操纵等相容、匹配技术难题,保证了旋翼原理样机安全飞行。

(2) 结论意见。

旋翼原理样机研制的任务目标明确;设计方案先进,桨毂采用球面弹性轴承、粘弹性阻尼器的钛合金结构选型合理,构思新颖;桨叶采用新型翼型和先进桨尖形状的气动布局,立足于国产材料和工艺,性能优越,技术上有明显的创新和突破。旋翼设计结果不但全面达到样机设计要求,而且对比飞行演示表明总体性能优于原准机旋翼系统,具有技术特色和广阔的发展前景。

旋翼原理样机飞行演示验证的圆满成功,标志着我国走过了一个从基础研究、应用研究到演示验证的自行研制旋翼系统的全过程,在旋翼设计、制造和试验等关键技术方面取得了突破,表明我国完全有能力结合自己的技术特色,利用国产材料,自行研制性能先进的、可应用于型号研制的旋翼系统,这对我国直升机型号的发展具有深远的意义。

[简述]

此为预研相关先期技术发展范畴的典型实例,此实例虽仅对旋翼原理样机演示验证作了简版的总结,但反映了旋翼原理样机从设计分析、全系统实物研制、实物地面试验以及装机试飞验证,最终达到了技术水平成熟度 TRL7 级的全过程,验证了旋翼原理样机设计、分析和制造等研制技术在直升机这一装备研制中的可行性和经济性。

6.4 民机专项预研验收

当民机专项预研活动在基本规定的时间内完成后,项目责任完成单位可向民机专项预研国家主管机关申请验收。在申请验收之前,还需特别确认如下几点: ① 已全面完成任务书规定的研究内容; ② 已全部实现任务书规定的研究目标并完全达到任务书规定的技术性能指标或有所突破。如经过刻苦努力,最终还是由于意想不到的技术等客观原因不能达到任务书规定的技术性能指标,再经论证也确认无法达到技术指标要求,应将不能达标的原因如实地反映; ③ 任务书规定的研究成果悉数完成; ④ 技术资料齐全,内容完整,而且已归档完毕。

针对民机专项预研的验收,一般以主管民机专项预研的上级机关组织专家以评审会的形式进行(验收形式应在技术研究任务书编写时就予以规定)。在组织召开验收评审会之前,项目责任牵头单位还应完成评审会之前的资料准备工作,包括各阶段技术资料的规整,开具完成任务书规定研究成果的证明,特别是民机专项预研活动的总结报告,总结报告中除包括必有的预研活动——对照的完成情况概括之外,还必须阐述组织管理和产学研用合作情况、成果应用与经济效益及社会效益情况,以及经验体会和下一步的工作设想等。这些内容都将是验收评审会专家评价打分的重要依据(见表6.4)。最后,评审专家组将给出是否通过验收的评审意见。一旦评审意见验收通过,该项民机专项预研就算告一段落。

表 6.4 民用飞机专项预研验收评分表

一、评 分 表

评 议 指 标	评 议 内 容	得分
1. 研究内容(20)	A. 全部完成任务书规定的研究内容(17~20)	
	B. 基本完成任务书规定的研究内容(6~16)	
	C. 主要研究内容未完成(0~5)	
2. 技术性能指标(20)	A. 完全达到任务书规定的技术性能指标或有所突破(17~20)	
	B. 达到任务书规定的主要技术性能指标(6~16)	
	C. 主要技术性能指标未达到(0~5)	
3. 研究目标(20)	A. 全部实现任务书规定的研究目标(17~20)	
	B. 基本实现任务书规定的研究目标(6~16)	
	C. 主要研究目标未实现(0~5)	
4. 研究成果(10)	A. 全部完成研究成果(8~10)	
	B. 基本完成研究成果(4~7)	
	C. 主要研究成果未完成(0~3)	
5. 技术资料(5)	A. 技术资料齐全,内容完整(4~5)	
	B. 技术资料基本齐全,内容较完整(2~3)	
	C. 技术资料不齐全,内容不完整(0~1)	
6. 计划进度(5)	A. 按计划或提前完成研究工作(4~5)	
	B. 基本按计划完成研究工作(2~3)	
	C. 延期完成研究工作(0~1)	
7. 组织管理和产学研用合作情况(5)	A. 组织管理严谨,相关任务衔接集成好,产学研用结合紧密(4~5)	
	B. 组织管理较好,相关任务衔接集成较好,产学研用结合较紧密(2~3)	
	C. 组织管理一般,相关任务衔接集成弱,产学研用结合弱(0~1)	

（续表）

一、评　分　表		
评议指标	评议内容	得分
8. 成果应用与经济效益及社会效益(15)	A. 已被采纳或应用,已形成较大的经济效益和社会效益(11～15)	
	B. 具有被采纳或应用的前景,未来能够产生良好的经济效益和社会效益(4～10)	
	C. 应用前景不明确,经济效益预期较小(0～3)	
总分:		

参考文献

［1］　民航四川监管局.民航规章体系,成都航空有限公司[S].2017年7月.

［2］　沈萌红.创新的方法——TRIZ理论方法概述[M].北京:北京大学出版社,2011.

［3］　布莱恩·阿瑟.技术的本质:技术是什么,它是如何进化的[M].杭州:浙江人民出版社,2014.

［4］　徐敏.直升机在气动力作用下产生"空中共振"物理机理图像分析[J].直升机技术,1988(2):29.

［5］　徐敏.直升机传动系统机械扭振计算与试验联合建模[J].振动、测试与振动,2004,24(1):41.

7　民机科技预研管理之借鉴[1]

"对管理工作的最终考察是绩效,是业绩而非知识,既
是证据也是目的。"

——彼得·德鲁克

　　装备,特别是具有复杂系统的、存在高、精、尖技术含量的装备,一定
是按照系统工程管理的模式进行研制,在研制过程的前端,必不可少地存
在一段无法绕过去的科技预研过程,这是国外发达国家通过几十年,甚至
上百年的工业发展得出的经验。民机发展同样如此,它对一个国家而言,
可谓具有战略意义的高技术产品,必然也要经历先科技预研,再工程发展
和研制,接着生产、使用和维护,以及到最后淘汰、回收的全寿命周期过
程。这说明民机科技预研对民机全寿命周期而言是一段不可或缺的而且
非常重要的过程。它的重要意义如下:① 通过民机科技预研,可进行民
机技术的创新性研究,特别可进行原创性技术研究,并经过试验或演示验
证得到充分验证,是形成民机核心技术的重要举措。只有经过此过程,才
可以不让过多的、没有得到充分验证的先进技术在型号工程和研制中出
现,以降低型号研制的风险(一般而言,型号工程发展和研制过程中新出
现的技术量不应超过 15%)。② 提高民机研制的技术水平和研发能力,
以加快型号研制进度。对民机研制而言,一般适航审定基础的有效期为 5
年左右。因此,只有通过民机科技预研克服技术瓶颈,才能在民机型号工
程发展和研制过程中,从提交申请开始快速地在有限的 5 年左右时间内
取得型号合格证(TC 证)。③ 更加符合 WTO 要求遵循的《民用航空贸易
协定》。由于此协定对政府补贴民用航空的数量和范围有严格的规定,因
此,作为公共技术范畴的基础技术,甚至有些关键技术都可纳入科技预研
范畴,而不纳入型号研制的范畴,以避免其他国家对中国进行反补贴申诉

和指控的借口。

在我国，作为高新技术装备的民机，其科技预研怎样管理，怎样将预研成果有效地转化应用于型号研制，国外先进国家经过多年技术发展而得出的装备预研管理经验不妨值得借鉴。

7.1　民机科技预研的主要特点

民机科技预研具有类似其他高技术装备科技预研所具有的如下共同特点：

（1）研究内容广泛。预研工作包括基础研究、应用研究和先期技术发展，所涉及的科学与技术领域极其广泛，独立的研究项目成千上万，几乎覆盖所有的学科领域。

（2）研究周期长。对于预研工作而言，特别是针对高技术的研究和基础研究工作而言，其具有探索和开创的性质，从开始到取得成果往往要经历漫长的过程（有的十多年甚至二十多年）。特别是针对安全要求极高的有关民机产品，还必须有超长、超量的试验以证明其技术的可靠性和安全性。

（3）技术风险高，应用潜力大。对于高新技术装备的科研项目，不确定因素很多，带有很大的技术风险。但预研关键技术的突破常常导致新的尖端产品的问世和使用方式的变革。因此，装备预研一旦成功，意义相当重大。

（4）项目为数众多，经费相对较少。预研阶段的研究项目为数众多，但其费用同型号研制和生产与部署相比较少，只占产品全寿命费用的很小部分，一般而言，预研费用同型号之比约为1∶4，约占科研费的20％。

（5）成果通用性强。预研项目面向广泛的技术基础或一般性技术储备，不像型号那样带有明显的指定特性。其成果大多为部件或分系统，或产品的结构材料及元件，通用性强。在预研计划中，越是基础的项目通用性越强，如"应用研究"成果比"先期技术发展"的成果具有广泛的应用范围。

7.2　预研集中统一管理体制

预研管理体制是指对装备科技预研机构的设置、管理职权划分和相互关系的总称。预研管理体制的设置是否科学、完善，直接关系到其装备管理水平和效益的高低,关系到装备的全面发展。

纵观世界各国,由于国情的不同,预研管理体制也各不相同,但总体而言,特别是先进发达国家对于高新技术装备这类庞大系统工程行业的预研基本上都采取高度集中统一管理的管理体制,或者集中领导与分散实施相结合的管理体制。下面对其中之一的高度集中统一管理模式(见图 7.1)进行介绍。

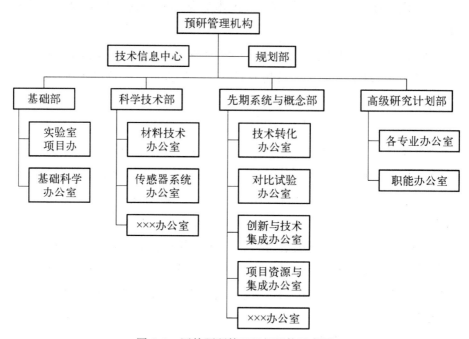

图 7.1　国外预研管理组织机构示意图

集中统一的预研管理机构作为行业预研工作的主管部门,负责制定预研政策和规划、计划、预算,组织和协调下属单位的预研工作,下设基础部、科学技术部、先期系统与概念部、高级研究计划部等机构。

"基础部"负责统一管理和协调基础研究工作,制订基础研究计划,监督、审查和评估下属单位基础研究计划的执行情况。

"科学技术部"负责预研方针政策、规划计划的制定(包括《基础研究规划》《技术领域规划》与《应用科学与技术规划》),统一管理和协调行业内的应用研究工作,监督、审查和评估下属单位应用研究计划的执行情况,下设诸如材料技术、传感器系统等多个主要专业的管理办公室。

"先期系统与概念部"负责统一管理先期技术发展、技术转化和对比试验项目等工作,加强在预定的使用环境中对新开发的预研成果的实验、试验或演示工作,验证评估预先研究成果的技术可行性、适应性和经验可承受性,更好地推动预研成果向装备型号研制的转化应用,下设技术转化办公室、对比试验办公室、创新与技术集成办公室、项目资源与集成办公室等。

"高级研究计划部"是尖端科技攻关项目的组织、协调和管理机构,主要关注高投入高风险高回报、对推动装备发展有重大影响的技术领域,重点研究基于某些原因(风险过大、需求不明确、对现有装备系统具有挑战性)不予支持的项目。牵头组织、协调和管理行业联合预研计划,具体负责规划计划制订、项目管理、经费管理和监督等工作。下设备主要专业的办公室和职能办公室,可称之为装备转型的"技术引擎",其研究工作实际上是推动基础研究向应用研究的转化。

"规划办"主管预研(科学技术)的战略规划工作,负责制定和发布《基础研究规划》《技术领域规划》《应用科学与技术规划》以及《科学与技术活动报告》等重要文件。

"技术信息中心"负责管理大量项目网站,储存大量政府报告和科技文献,为预研等工作提供专业化的科技信息保障。

7.3　预研计划的制定

目前,世界上拥有先进技术的发达国家相对科学的预研计划制定基本纳入"规划—计划—预算—执行系统"(PPBE),其制定过程主要分为规划、计划和预算三个阶段。

1)规划阶段——制定预研的长期规划

(1)提出科技的基本政策和总体设想。预研管理机构根据国家有关装备建设和科技发展指导方针,组织下属部门等有关单位,制订"科学技术规划"的战略指导文件,提出装备科技的基本政策和总体设想。

(2)编制科技规划。由预研管理机构下属科学技术部牵头组织成立科学技术顾问小组。该小组下设若干基础研究小组、技术领域小组等,在其他有关部门的协助下,根据《科学技术战略》,按照需求牵引、技术推动和量力而行的原则,分别负责编制"科学与技术规划"等"指南性文件"——《基础研究规划》《技术领域规划》与《应用科学与技术规划》。

《基础研究规划》主要提出基础研究目标和投资战略,包括若干基础研究领域和若干战略研究领域以及多学科大学研究倡议。

《技术领域规划》注重发展满足当前或未来需求的技术，提出包括应用研究和先期技术发展在内的技术投资战略，包括航空平台、信息系统技术、材料与工艺等若干关键技术领域。

《应用科学与技术规划》注重发展应用需求的技术，包括应用研究和先期技术发展。

（3）组织评审规划。预研管理机构组织的"技术领域审查和评估小组"对上述三个规划文件的每一个研究领域和技术领域进行评审。

（4）上级审批规划。预研管理机构对上述三个规划文件批准后，上报国家相关部门审批，形成正式的《基础研究规划》《技术领域规划》与《应用科学与技术规划》文件。

2）计划阶段——制定预研的中期计划

（1）上报计划。下属各单位的科研主管部门根据科技发展规划，编写各自的《计划目标备忘录》（POM），上报预研管理机构汇总后，形成总的《计划目标备忘录》，说明未来计划周期的计划项目、进度安排和经费需求。计划项目分为若干大类。

（2）评审计划。预研管理机构的上级机关组织计划分析与鉴定局对《计划目标备忘录》进行详细评审，并发布《计划目标备忘录问题书》，各相关部委高级领导审查小组对《计划目标备忘录问题书》中的具体议题进行讨论、复议和综合评审。

（3）审批计划。高级领导审查小组对《计划目标备忘录》进行综合评审后，向国家主管部门提交确定的《计划决策备忘录》，签署后成为预研计划的阶段的最终文件。

3）预算阶段——制定具体的项目计划

（1）上报预算。下属各单位各业务部门以及《基础研究规划》《技术领域规划》与《应用科学与技术规划》及相关文件，编制各自的《预算估计提案》，报上级汇总后，形成总的《预算估计提案》。

（2）评审预算。上级机关协调各部门对《预算估计提案》进行审查和评价，对下属确定的经费额度进行核审，平衡、协调各部门的项目预算，综合其他部门的意见，提出《计划预算决定》建议。

（3）形成预算。《计划预算决定》建议稿经相关部委领导认可后，报主管部长审定，发布《计划预算决定》，完成科学与技术计划的预算编制。

（4）批准预算。国家领导人签署《总统预算》后，提交国会审议。经国会批准，最终确定科学与技术项目的年度预算。

7.4 预研项目管理

1）预研项目实行分类管理

同装备型号研制管理一样，装备预研计划的实施实行项目分类管理制度。基础研究项目实行资助（grants）管理方式；应用研究和先期技术发展项目实行合同（contract）管理和合作协议（cooperative agreement）管理方式。建立了项目管理体系和项目办公室，项目办公室负责签订合同、确定项目进度、监督合同执行、组织成果验收和评价等工作。

（1）基础研究项目管理。

基础研究项目采用资助管理方式，主要由大学、科研机构、工业界等非营利机构等单位承担。其中大学承担的基础研究项目经费占基础研究经费的 50% 以上。资助项目分为项目资助和保障条件资助两种方式。

项目资助通过各种大学研究倡议、基金等数十种计划实施，与大学从事相关学科研究的个人、课题组或者单位签订资助合同，完成某一个或多个学科领域的基础研究任务，并培养人才。研究周期一般为 3～5 年，每年资助金额约为 350 万～700 万元人民币。

保障条件资助是通过实施"大学研究设备资助计划"，采用竞争的方式，资助从事研究工作的大学，用于购买靠项目资助经费无力承担的人民币 35 万元以上的大型研究设备，用于改善实验室工作条件。

（2）应用研究和先期技术发展项目的管理。

对应用研究和先期技术发展项目，通常采用合同和合作协议的管理方式。应用研究和先期技术发展项目主要由工业界、行业内科研机构等单位承担。

对工业界承担的应用研究和先期技术发展项目，主要采用签订合同的方式进行管理。预研管理机构的项目办公室负责签订合同、监督合同执行、组织合同评价和验收工作。

行业内科研机构主要承担外界不愿或不便承担的某些特定领域的科研项目，或者投资多、风险大、收效慢的一些特殊项目，主要采用合作协议的管理方式。预研管理机构的主管部门通过检查、评审、听取汇报等方式，督促科研机构开展研究。

2）预研项目管理机构

预研项目相对于型号研制项目具有其特殊性，其项目管理的方式与型号管理也不完全相同，其预研项目的管理机构的设置也不尽相同，如有的就设在高级研究计划部内。

高级研究计划部主要负责高投入、高风险、高回报的项目，为装备转型起着巨大的推动作用。下设各主要专业办公室和职能办公室，成员以技术专家和科学家为主，2/3来自行业内部，1/3从大学和企业中公开招聘，流动性较强，通常3～5年要进行调整，以保持项目管理的创新。

3）预研项目的合同签订

预研项目的合同签订和管理由项目办公室负责。

鉴于预先研究技术性强、不确定因素多、技术风险大等特点，有的国家对于竞争性合同和非竞争性研究项目分别采用公开招标和谈判方式签订合同，有的国家采取"谈判竞争法"而不是"公开招标法"签订预研项目合同，即在经过发布公告、提交白皮书、初审、提交正式的"研究建议书"四个步骤之后，进入详审、谈判和合同签订的第五步骤：预研项目管理部门组织评审小组，按照事先公布的评审标准和程序，对收到的全部建议书进行评审，综合评价项目的科技价值，应用潜力，主要研究人员的资历、能力与成就，承担者的设备条件，管理计划的合理性和经费预算的现实性等因素，根据评审结果选择合适的科研单位进行谈判，根据双方谈判的结果和经费的实际情况，与最合适的科研单位最终签订合同。

4）预研项目过程控制与验收

在预研项目的研究过程中，针对资助、合同和合作协议三种类型的预研项目，分别采用不同方式进行管理、评价和验收。

对于资助类的基础研究项目，基础研究主管部门每半年要对项目进行抽查，要求抽查到的课题组提供简要的研究进展报告。每年要对所有项目进行检查，要求大学研究项目课题组提供更加详细的研究进展报告，同时提供相关研究论文、实验报告和装置图片等附件。主管部门组建一个专家评估咨询小组，按照事先规定好的一系列评估指标体系和标准，对项目研究进展、研究成果、质量、技术转化等情况进行绩效评估。在项目结束时，主管部门要组织项目验收组对项目进行评估和验收。

对合作协议类的预研项目，主管部门通过定期召开会议、评审、听取汇报、到各科研机构检查工作、各研究机构提交汇报材料等方式，对科研机构的项目研究进展、质量进行监督检查,并进行工作绩效评价。在项目结束时,主管部门要组织项目验收组对项目进行评估和验收。

对合同类的预研项目,项目办公室依据合同条款,对研究过程进行合同管理、过程控制、评价和验收。

预研主管部门根据项目验收结果,对承担项目的研究单位和项目负责人实施奖惩。对验收结果优秀的项目承担单位和项目负责人,在今后的研究项目竞争中优先考虑,对验收结果不合格的项目,给予一定的处罚。例如,对研究项目不合格的单位或项目负责人亮黄牌,如果连续两年亮黄牌,该项目负责人在 5 年之内都不能申请相关课题。

7.5 预研成果的转化应用

"预研成果的转化应用"是指把预研成果转化应用到其他领域的活动,包括基础研究成果向应用研究转化,应用研究通过先期技术发展阶段,向型号研制阶段乃至装备全寿命各阶段的转化应用,包括方案选取、技术开发、生产与部署、使用和维护这装备系统发展过程五个阶段的转化,为装备系统全寿命发展提供技术支撑。另外还有军民科研生产领域的互相转化应用等。

先期技术发展阶段采用的技术转化途径较多,主要有"先期技术演示"(ATD)、"先期概念技术演示"(ACTD)、技术性活动、工业倡议等。

"先期技术演示"是指在先期技术发展阶段,对基础研究和应用研究阶段的成果(多为部件或分系统)进行实验、试验或演示,评审其技术可行性、使用适应性或经济承受能力的科研活动,发现和纠正各种问题。通过基础研究和应用研究所获得的成果通过先期技术演示,可以降低技术风险,纠正问题,更好地转化应用于装备型号研制过程。

"先期概念技术演示"是在先期技术演示基础上形成的,通过试验和演示验证手段,加速将实验室中的新技术转化为实用装备的一种快速方式。ACTD 计划所列的项目是从先期技术演示项目中挑选出来的可望转入型号研制或者直接交付使用的项目,多为战略性重大项目。这些项目通过综合试验和演示验证,可很快转化为新的装备系统。"先期概念技术演示"作为快速的技术转移手段,在促进研究成果的转化应用方面发挥着积极重要作用。

另外,在国外先进发达国家的主要行业内,还成立了技术转化机构,并采用专利、合作研究与开发协议等手段,推动预研成果的转化应用。

7.6 国外先进科技预研管理经验对我国民机科技发展的几点启示

他山之石,可以攻玉。虽然我国国情与国外有着很大的不同,但是,国外通过几十年甚至上百年的工业发展所积累起来的装备科技预研管理经验和有益做法,对我国初创的民机发展企业来讲有着一定的启示作用。

1) 重视预研在民机科技发展中的重要作用

预研工作对我国民机科技发展而言是获取新技术,进而加快研制进度的重要步骤。凡是装备发展先进的国家都非常重视预研对装备发展的推动作用,将预研作为获取技术优势的重要基石和推动科技与装备持续发展的技术源泉。因此,从国家层面立法保证装备发展中各阶段的预研工作不可或缺,而且不能随意替代,各阶段的预研经费投入也就得到了有力的保障。

我国目前是全面建设小康社会的关键时期,是深化改革开放、加快转变经济发展方式的攻坚时期,也是建设创新型国家的攻坚时期。党和国家非常重视科技创新工作,把增强科技创新能力摆在更加突出的位置。时任总书记胡锦涛曾强调:"建设创新型国家,加快转变经济发展方式,赢得发展先机和主动权,最根本的是要靠科技的力量,最关键的要大幅提高自主创新能力。"

国家领导人的最高指示对新成立不到 5 年(注:2008 年成立)的我国民机发展企业而言有着特别的指导意义:针对民机科技发展,"构建、补充和完善民机技术体系",科技预研是一条重要途径;提高民机自主创新能力,进一步增加核心技术以及技术的先进性,同样离不开科技预研,只有不折不扣地完成民机科技预研各阶段的工作任务,才能真正有效地推动我国民机产业持续健康地向前发展。

2) 完善预研管理体制和运行机制

完善预研管理体制和运行机制是实现预研科学化管理,促进科技持续创新、发展的重要保障。国外先进发达国家针对预研探索性强、不确定因素多、技术风险大、通用性强的特点,经过多年的实践,已建立起适合自身的预研管理体制,形成了能有效激发原始创新、促进成果及时转化应用的机制,有力地促进了预研工作的顺利进行,为装备发展提供了雄厚的技术储备,推动了新装备的快速发展。

国外先进发达国家建立的预研管理体制和运行机制对我国包括民机在内的重大装备发展同样有着借鉴作用。民机公司可代表国家从顶层层面按预研的不同范畴和类别建立起符合国情的民机科技发展的预研管理体制和运行监督激励机制,有效地推动我国民机科技创新发展,最终实现我国民机这标志性创新型的伟大工程。

3) 优化预研分阶段投资比例,注重预研成果的转化应用过程

有关科技预研的基础研究、应用研究、先期技术发展是梯次推进、相辅相成的,三者必须有机配合、协调发展。如果基础研究投入过低,应用研究就会成为无源之水,原始创新就无可谈起;应用研究投入不足,先期技术发展也难以为继。为此,要保持行业科技和装备的持续、健康发展,基础研究、应用研究和先期技术发展都不得偏废,而且三者的投入也应保持在一定的比例范围,只有这样,才能更好地保证预研远期、中期与近期项目的有机结合和预研资源的优化配置,提高预研经费的使用效益。

预研成果只有有效地应用于装备研制中,才能提高其投入效益。为此,国外先进发达国家非常注重预研技术向型号的转化应用工作,并遵循装备发展的客观规律,建立了有效的预研成果转化机制,加快了基础研究向应用研究、应用研究向先期技术发展、先期技术发展向型号研制转化的进程,使预研成果尽快应用于型号研制中并迅速转化为生产力。例如国外采用了"先期技术演示""先期概念技术演示"等手段,加速了预研成果的转化应用,取得了非常好的成效。

我国开展民机科技预研,必须厘清思路,建立民机科技的远、中、近期发展目标,并将不同发展目标纳入预研过程中的不同阶段,最为重要的是预研科技成果的转化应用工作不得缺少。只有严格地按照这一颠扑不破的科学发展规律办事,才能真正地将技术成熟度达到6~7级的民机技术应用于型号研制,才能确保民机型号研制不会出现颠覆性的技术反复,使民机产品快速有效地投入市场运营,最终取得民机商业上的成功。

参考文献

[1]　徐敏. 国外预研管理对我国民机科技发展的启示[J], 民用飞机设计与研究,2012 (4): 65.

8 民机科技预研之"论·谈"

"管理是以文化为转移的,并且受其社会价值、传统与习俗支配。"

——彼得·德鲁克

8.1 民机预先研究的思考和认识[1]

中国商飞公司是以发展我国民机产业为宗旨,创建国际一流的航空企业为目标的新型大型国有企业,其目的就是发展干线飞机和支线飞机两大系列产品。我国的民用飞机企业为在激烈的市场竞争中求得生存和发展,有两个主动权必须抓住:一个是经营模式,另一个就是竞争优势。竞争优势对高技术产品的民机而言就是核心技术,这对民用飞机产业发展的重要性是毋庸置疑的。为实现中国商飞公司的宏伟发展目标,为在ARJ21-700支线飞机和C919大型客机研制之后保持民机的可持续发展,中国商飞公司董事长、总经理等多位领导先后发表了"要在推进自主创新、攻克关键技术上取得突破";"要加强民机核心技术预先研究"等重要指示。这充分说明,中国商飞公司各级领导从科学发展观的角度,将民机的关键技术攻关和核心技术预研工作提到了相当重要的高度。因为这是实现公司自主创新的重要举措,"一个国家只有拥有强大的自主创新能力,才能在激烈的国际竞争中把握先机、赢得主动"。

怎样贯彻执行中国商飞公司领导有关推进自主创新和加强预先研究的精神,笔者将在此根据自己的工作经验以及对国际先进做法的认识提出了初步想法,希望起抛砖引玉的作用,我将民机预研的粗浅认识概括为:摸清民机技术家底;梳理民机关键技术;编制预研发展规划;加强民机预先研究;实现民机研发体系。

1) 摸清民机技术家底

中国商飞公司刚刚成立两年(注：2008 年成立)多时间,原有的下属单位上海飞机设计研究院和上海飞机制造有限公司曾经研发过运 10 等多种民机型号,目前又正在研制 ARJ21-700 飞机。不可否认,由于多种原因,原单位的骨干科研人员、附带的技术都已大量流失,遗存的技术资料也已相当落后。虽然近几年通过 ARJ21-700 飞机的研制,技术水平有了一定提高,但仍有相当多的技术是非本公司的,甚至是非本国的,直接的原因是本公司缺乏航空专业技术,特别是民机专业技术的完整性,甚至还存在按适航要求设计民机的基本理念差距。这充分暴露我国民用航空产品的落后除按市场需求牵引的理念落后之外,另一个重要的因素是隐含在民用航空产品之中的技术落后。总书记胡锦涛于 2005 年 10 月 11 日的《努力实现"十一五"时期发展目标、推动经济社会又快又好发展》中就已明确指出："当今世界,科学技术已成为经济社会发展的决定性力量。"因此,为创建国际一流的航空企业,发展未来的先进民用飞机,首先应抓紧时间了解和学习国内外民机发展的先进技术,特别要把握国际民机先进技术的发展脉络;其次根据中国商飞公司的定位(一流的总体设计能力;高超的系统集成能力;强大的总装集成能力;独特的试验验证能力;快速的应用转化能力等)分清和明确各专业技术发展的任务分工和职责,既不要出现专业的真空,又不要出现专业的重复建设而造成浪费;最后,但也是最重要的就是各专业应摸清已有的民机技术家底,查找出存在的民机技术差距,做到"知己知彼",才能"百战不殆"。

2) 梳理民机关键技术

在摸清了中国商飞公司民机技术家底的基础上,接着应为构建、完善民机发展的技术体系梳理出民机各专业的关键技术。怎样梳理? 笔者通过学习、理解温家宝总理《让中国的大飞机翱翔蓝天》的署名文章中有关"哪些技术可利用、研发、解决和攻关"的精髓之后得出几点粗浅认识如下：

(1) 遵循主制造商、承包商的管理模式。对于中国商飞公司目前在民机设计、研制中存在的而且急需掌握的关键技术优先安排攻关,而对于那些由承包商研制中存在的关键技术可原则上靠后安排,甚至可不安排攻关,由承包商自行解决。但是,对于国内、国外的承包商也要有所区分,如果国内承包商没有,而从国外承包商又买不到的产品和关键技术,如不解决就会直接影响我国民用飞机发展的技术就必须大力安排攻关。

（2）满足目前民机工程研发需求的关键技术应与锦上添花的技术有所区分。首先应安排满足目前民机工程研发需求的关键技术进行攻关，但这必须是缺项的，没有就会存在颠覆性反复而且直接影响民机型号研制的关键技术，而对于那些锦上添花的，仅影响技术深度的细节技术可暂时放在预先研究范畴中开展研究。

（3）民机基础类技术研究应与型号研制前的应用类技术研究有所区分。首先应抓紧时间安排目前民机型号研制前的应用类技术进行攻关，直到走完演示验证过程，将攻关所得的技术成果直接应用到民机型号研制，为实现型号研制目标提供技术支撑。温家宝总理在《让中国的大飞机翱翔蓝天》的署名文章中指出："历史和实践告诉我们，核心技术是买不来的，只能靠自己。"为了在目前研制民机型号之后还能继续研发更加先进的民用飞机，我们必须要掌握更加先进的民机核心技术，而且从现在起就应刻不容缓地进行技术梳理，从基础技术开始加以探索研究，为未来技术的发展奠定坚实的技术基础。

3）编制民机预研发展规划

《孙子兵法·计篇》中说过："夫未战而庙算胜者，得算多也；未战而庙算不胜者，得算少也。"因此在开展民机技术发展之前应首先谋划和编制好民机的预研发展规划。民机预研发展规划是民机技术发展的顶层指导性文件，而且是具有战略意义的文件。战略是"企业生存与发展、战胜对手和超越对手的策略"。为了能有步骤、分阶段地掌握民机发展所需的先进核心技术，首先就应在公司发展战略纲要的统揽下，以科学的发展观编制出民机预研发展规划。毛主席说过："抓战略主要抓两点：一抓主动权，二抓方向。"因此，在编制民机预研发展规划时，首先应针对主制造商自身存在的设计、制造、试验、维修以及适航验证等技术进行规划，这样就抓住了民机技术发展的主动权；其次，在编制民机预研规划时还应提出民机先进技术的发展目标，同时相应提出分阶段实现民机技术先进性目标的技术途径和技术措施，这样就抓住了民机技术的发展方向。

展望 21 世纪，民用飞机将向以下几个方向发展：

（1）民用飞机的经济性、安全性和环保性能更好。今后 20 年，美国国家航空航天局（NASA）打算把飞机的安全性提高 10 倍，运输成本降低50％，废气排放减少到现在的 1/5，噪声减少到现在的 1/4，研制时间、研制费用、制造费用分别降低 30%、35%、30%,飞机的阻力与结构重量降低 20%。

(2) 运输机向大型化的方向发展,超大型运输机将会投入使用。据预测,世界航空运输的客流量 2020 年将达到 4 万亿人次,航空港将达到饱和状态,这将推动民用飞机进一步向大型化发展。

(3) 第二代民用超音速飞机将会变得成熟。

(4) 飞翼布局和倾转旋翼机等新概念大型民用飞机也将得到快速发展。

4) 加强民机预先研究

民机作为航空高技术产品之一,其科研活动的预先研究工作,特指民机型号研制计划正式开始之前的一般技术准备活动。而高技术产品的预先研究包括基础研究、应用研究和先期技术发展三个方面的内容。民机预研是实现民机科技创新、提升民机自主创新能力的重要举措。

根据我国民机发展的实际情况,民机预先研究可概括为下面两层内涵:一是为研制先进民用飞机等航空产品而先期开展的民机科学研究与技术开发活动;二是为提高民机工业研制和生产基础能力及水平,对共性、关键性技术进行研究的科技活动。民机预先研究具有基础性、前瞻性、探索性和验证性等特点。

为将中国商飞公司打造成为一流的航空企业,并能够源源不断地研制出得到市场认可的先进民用飞机,取得商业成功,以推动民机产业的发展,从科研层面讲首先应加强第一阶段的科研活动即民机的预先研究活动。笔者认为"学而悟,悟而行,行至高远"可作为瞄准世界前沿技术开展预研活动的行动指南。具体的行动措施和实现目标如下:

(1) 利用多种渠道申请民机预研项目。

根据民机技术发展的不同层面内涵和特点,可依据预研发展规划从国家科技部、国家工业与信息化部以及上海科技委员会等部门申请包括"863"——国家高技术研究发展计划、"973"——国家重点基础技术研究计划、基础科研以及创新基金等民机预研项目,使民机的发展符合国家的经济发展战略布局,通过引进国家资金加快国家整体民机的科学基础与高技术的发展。

(2) 通过预研攻克民机研制中的"瓶颈"关键技术。

为加快未来先进民机的发展进程,缩短研制周期,依据民机的发展规划,针对性地对民机研制中存在的"瓶颈"关键技术先期进行攻关,甚至对一些重大关键项目可在技术攻关之后再进行演示验证,最终为未来先进民用飞机的研制扫清技术障碍。

(3)通过预研提高民机技术水平,形成民机研发技术体系。

"强化基础建设,提升技术水平,培育创新能力",这是企业民机持续发展的不竭动力。为此,中国商飞公司应通过预先研究,提高自身的民机技术水平和民机研发能力,进而通过产品研发、关键技术攻关、预先研究和基础研究,加速形成我国民用飞机研发技术体系。

(4)通过预研培育创新型民机技术人才。

对技术人员的培养,渠道可多种多样,而预先研究也是一种有效的举措。民机技术人员可通过预先研究,包括从研究项目的立项申请和技术攻关,到成果评审和技术总结等全方位、全过程得到锻炼,进而全面提高在民机技术攻关和型号研制中发现问题和解决问题的能力。通过预研可最终培育出理论功底扎实、学识造诣深厚、解决问题独到、有开拓创新精神的民机技术人才队伍。

5)实现完整的民机研发体系

加强民机预先研究,将市场需求牵引与技术推动有机结合,建立完整的预研管理制度,形成先进的预先研究文化,创造有效的技术创新机制,最终使中国商飞公司实现完整的民机研发体系:"生产一代"——开始批量生产 ARJ21-700 飞机并投入运营;"研制一代"——研制 150 座级的大型客机 C919;"预研一代"——预先研究下一代先进的宽体民用飞机;"探索一代"——谋划和探索未来更加先进的新概念民用飞机,即"吃着碗里的,看着锅里的,想着心里的"。为建立世界一流的既发展又研究的创新型企业做好技术、人员和机制的铺垫。

6)处理好目前民机型号研制和预研的几个关系

目前 ARJ-700 飞机首飞后已进入适航验证与试飞阶段,C919 大客飞机研制即将转入详细设计阶段。怎样保证目前民机研制顺利进行的同时加强预先研究,笔者认为有几个关系应该处理好:

(1)远近结合,前后衔接,处理好型号研制与预研的关系。

在目前民机型号研制主战场人员紧张,甚至可能存在型号与预研时间冲突矛盾的不利情况下,应充分发挥型号研制与预先研究互动的积极作用,即从型号设计中找到真正制约型号研制的"瓶颈"技术,做到有的放矢地对型号研制中存在的关键技术进行攻关,获得的技术成果才能真正地用于型号研制。

另外,民机基础科研是为夯实民机技术基础和提高民机研发能力。若民机技术基础的根基不打牢,未来的民机这一航空产品大厦就不稳;民机研发的能力不提高,未来研制的民机这一航空产品就永远是低水平的重复。"磨刀不误砍柴工",目前只有让一部分人开始关注和开展基础研究,并打下坚实的民机技术基础,将来必将进入民机技术发展的自由王国,并可运用自如地发展符合市场不断变化需求的先进民机航空产品。

因此,处理好型号研制与预研的关系,一方面对有的放矢地进行型号关键技术攻关以加速型号的研制,另一方面对提高研发能力和技术水平以保持可持续发展都起着非常重要的作用。

(2) 内外结合,处理好自行研究与对外合作的关系。

为了能真正掌握民用飞机型号研制的关键核心技术,首先必须针对主制造商的任务目标亲自开展技术研究与开发,只有这样才能真正知道其 Know How,知其然,也知其所以然。但是,这也决不能停留在自身低水平的重复研究上,针对中国商飞公司之外更高的技术水平,应采取积极开放式的研究模式,发挥"产、学、研"的技术优势,尽量通过技术合作借鉴外面的先进技术,包括国内的先进技术与国际上的先进技术,并在此技术基础之上再次升华。此问题的关键是应掌握"推杆"技术。

(3) 处理好技术创新与技术继承的关系。

不可否认,我国航空业发展之初在进行预研工作时大多数都是采取技术继承的发展思路,即亦步亦趋或称之为"山寨"的发展思路,这对我国这样技术实力薄弱、科研经费缺少的国家而言是无可奈何之举。这样跟着国外的发展步伐可以少走弯路,减少不必要的探索经费,但这仅是权宜之策。按照我国要发展成为一个创新型国家的思路,为了使我国民机真正有自己的技术特色,还必须要具备积极的技术创新思维,把增强自主创新能力作为科学技术发展的战略基点,开发具有自主知识产权的独特的先进技术,并以此带动其他技术与行业的发展。

7) 结束语

最后,引用胡锦涛总书记于 2006 年 1 月 9 日在全国科技大会上的讲话作为本文的结束语。胡锦涛总书记说:"真正的核心技术、关键技术是买不来的,必须依靠自主创新,建立以企业为主体、市场为导向,产学研相结合的技术创新体系,使企业真正成为研究开发投入的主体、技术创新活动的主体和创新成果应用的主体,全面提升企业的自主创新能力。"

8.2　论民机技术发展的十大关系[2]

有人云:航空工业可比作现代工业的"皇冠",而大型民机却是"皇冠"上那颗最大、最璀璨的"明珠"。这从某种意义上说明航空工业,特别是民机制造业是所有装备制造工业中技术含量最高的、知识密集型的高科技产业,该产业除了依靠航空本身的气动、强度、结构、系统、发动机、航空电子设备等各个专业的发展之外,还表现为对"回顾效应""前向效应"以及"旁侧效应"三种关联形式的推动效应:① "回顾效应",即对机械、仪表、电子、材料、冶金化工等上游产业发展的带动作用;② "前向效应",即对民用航空运输业、旅游业、城市基础设施建设、物流、环保等产业发展的诱导作用;③ "旁侧效应",即对国民经济各部门资源改善配置效率的推动作用。有人分析过,航空产业的投入产出比约为1∶80,技术转移比约为1∶16,就业带动比约为1∶12,航空产业对于国家经济的拉动效应可见一斑。因此,有些国家专门将民机产业作为重要的经济发展源泉,并被称为"工业之花和现代科技发展的火车头"。无怪乎美国波音公司、欧洲空客公司在民机发展初期,其所在国政府都投入了巨额资金以推动此两公司成为目前世界上技术领先、商业成功的两大民用航空业公司,抢占了国际民用航空的大部分市场。

"他山之石,可以攻玉。"别国的经验,可以参考,但在参考之时不能忘记应将别国的经验与中国的特色相结合。为发展我国的民机技术,促进我国民机产业健康持续地向前发展,笔者概括了应处理好的民机技术发展的十大关系。

1) 民机技术发展与民机型号研制的关系

我国成立中国商用飞机有限责任公司,第一要务就是要研制民机型号产品,并投入市场运营,促成民机产业和商业的成功,这既能实现国家发展重大专项的伟大目标,作为一支柱产业进而带动国家众多产业的发展,为国民经济的发展添砖加瓦,又能以显性成果的形式展现在国人面前,充分引起国人的关注,并得到国人的支持,进而产生积极的社会效益。

但是,民机型号的研制离不开民机技术的支撑,否则型号的研制只会是空中楼阁。这一观点,广大从业者都非常认同。但这还不应仅停留在认知的层面上,在行动上也要与认知相统一,做到知行合一。而这往往还有一部分人做不到,他们的关注点只在型号研制上,在技术发展上会有所偏废。显而易见,型号研制是会很快出显性成果的,而这又是领导关注的重点,因此在职称晋升、福利待遇等政策导向上都或多或少地偏向型号研制。而技术发展的工作又恰恰是寂寞的、为后人栽树的、不显山露水的、需长期默默耕耘的探索性工作。在利益的驱使下,势必容易导致某些人在工作中轻视技术探索和预先研究,宁可在型号研制中"大展手脚",即前期不未雨绸缪,宁可后期亡羊补牢。这从某种意义讲是部分人的急功近利、浮躁的心态导致了科研工作的非正常化。

在欧美等主要科技发达国家,高技术装备科研活动归类为研究、发展、试验与鉴定(英文简称 RDT&E),即科技预研、型号研制两大部分的六个类别的完整阶段,而且每个阶段都有着非常缜密的科学的管理方法和制度保障,并且还从法律层面上确保了技术发展的预研阶段和型号研制阶段都不可孰轻孰重,不能替代与跨越,这就是高技术装备发展的科学规律,民机航空制造业当然不能例外。

针对高技术的民机产业,所有从业者,无论是领导干部还是一般员工,都必须做到认知与行动的高度统一。另外,从制度上确保民机技术发展与型号研制不可偏废,而应相互平衡和相互协调,技术发展支撑型号研制,型号研制牵引技术发展,唯有如此,才能使我国的民机制造业保持持续健康的长久发展。

2) 技术继承与技术发展的关系

人们常说,只有站在巨人的肩膀上,人的眼界才会更高,看得也会更远。技术发展和技术继承同样是这种关系,首先必须做好技术的继承,只有在技术继承工作做好后,技术也就能得到更好的发展。没有技术的继承,技术的发展就不会更深远,技术的水平层级就不会更高,而且只是在低水平上重复,周而复始,仅此而已。

怎样做好技术继承?途径多种多样,一是向老同志学习:人们常说,家有一老,如获一宝。身边的老同志有几十年(符合1万小时理论)的宝贵经验,只有通过向他们虚心学习才能获得技术财富,并感悟其真谛。当然,现在正倡导知识工程与管理,从技术层面讲还可尽量将老同志的知识财富留下,包括尽量将他们头脑中的隐性知识显性化地留下;二是向资料索取:人们可通过查找国内外技术资料,尽量搜取国内外先进技术的书面知识,并通过消化吸收进而掌握;三是向供应商获取:人们可通过技术交流与合作,获得供应商提供的先进技术信息,同样也必须通过消化吸收才能真正继承并掌握先进技术;四是购买专利:在条件许可的情况下,通过购买急需的专利,再花一定比例的资金消化吸收进而使技术发展很快上一个台阶。

怎样做好技术发展? 在做好技术继承的前提下,采取如下两条技术途径,一是市场牵引,即型号牵引。根据未来民机市场预测,牵引出未来的民机型号产品,并根据未来民机型号产品的特点,梳理出所需技术体系,找出技术短板,开展预先研究等技术攻关;二是技术推动。根据前期几十年的,甚至上百年的民用航空技术的发展动态,分析并把握民机技术的发展脉络,反复论证,提出未来民机新概念,甚至具有颠覆性质的技术发展方向,早作布局,提前行动,预先开展民机技术研究和技术攻关,最终以新的民机技术引导出新的民机市场。

3) 弥补技术短板与发展先进技术的关系

老子在《道德经》中说道:"高应以下为基,贵必以贱为本。"此哲理同样可推广至民机技术:发展民机先进技术首先必须要有技术基础作保障,只要技术基础稳固了,就不会出现木桶的短板效应,先进的民机技术发展和应用才不会成为空中楼阁。

对于我国刚成立不久的以民机制造业为主要业务的公司而言,首先就应发展民机研发所必需的基础性技术。为实现此目的,必须尽快找出民机研发技术体系中的技术短板,制定出民机技术的发展规划,再调动广泛资源,通过预研、攻关等各种技术途径弥补技术短板,进而通过质量控制、工程标准化使技术基础得到稳定和固化,最终达到能研制出质量稳定可靠的基本型民机型号的目的。只有技术基础稳固了,才能登高发展更加先进的民机技术,甚至攻克并掌握新概念、颠覆性的技术,才能最终站在民机的科技高峰,研制出世界上更加先进的、具有中国特色的民机型号产品,投入并占领市场,进而引领民机的市场需求。

4) 技术引进与技术自主创新的关系

技术引进与技术自主创新是一对辩证的关系。技术引进似乎可快速提高技术应用的速度,能使引进方迅速了解被引进方的技术状态,特别是如果被引进方是技术先进的国家,国际上的先进技术动态与概貌更能很快地得到掌握。但有几点事实必须要清楚:一是国际上最先进的核心技术是不会通过引进让你掌握的。这无论是政治上的意识形态原因还是市场上的经济利益原因都必然如此。习近平总书记明确指出：我国发展到现在这个阶段，不仅从别人那里拿到关键技术不可能，就是拿到一般的技术也是很难的。这道出了技术引进面临的现实问题；二是即使技术能引进，也只能了解其技术的动态与概貌，知其然，不知其所以然。这就迫使我们如果要掌握关键技术，不仅要知其然，还要知其所以然，只能通过自主技术创新和攻关。有一句谚语说得好："味道如何，只有自己尝了才知道。"也只有通过技术自主创新和发展，才能真正做到技术水平的成熟，才可应用于高技术装备的研制；三是国际上有一条不成文的潜规则，如果你对此技术一点都不懂，或者只是低层次的了解，你想要引进技术，被引进方就会视你为小学生不正眼瞧你，引进的资金也会高得吓人。以上三点事实足以说明：如想技术引进以便更快地促进技术的应用，只有首先开展技术的自主创新和发展才能更好地推动技术的引进，也只有开展技术的自主创新和发展才能更好地掌握技术的核心。"

以上阐述的只是自然科研范畴，而对于属于社会科学范畴的科技管理而言还应特别注意一句话："管理是以文化为转移的，并且受其社会价值、传统与习俗支配"；另外还有一句话说得好："对管理工作的最终考察是绩效，是业绩而非知识，既是证据，也是目的。"这说明，他国好的技术管理经验，我国并不见得就能照搬管用，同样其他公司好的技术管理经验，我公司也不见得能照搬管用。因此对我国和我公司而言，不能简单地将别国和其他公司的管理经验照搬移植过来。中国特色社会主义国家的发展强调的是"应将马列主义的普遍真理同中国的实际情况相结合"，同样道理，我们公司的发展也应将其他国家、其他公司的管理经验与中国特色和我公司的特点相结合才能产生最大的管理效益。

5）技术独立自主发展与技术联盟发展的关系

目前国内科技发展中有一种较为成熟的创新体系叫作"产、学、研"技术联盟创新体系，甚至还在此基础上又加上"管、用"，成为新一类的技术联盟创新体系。这对于系统复杂、产业链较长的业态来讲可能是一个很好的技术联盟形式。但在技术发展过程中人们还是需要认清技术联盟的发展也是由多个个体技术独立自主发展所组成的，而个体技术就体现了技术本身的独特性。曾有心理学家做过实验研究，就说明了独立与集体判断的天壤之别：由于从众效应，集体在一起做出判断的错误率达到

41%,远高于独立思考判断错误率的 13.8%。因此,什么技术需联盟发展,什么技术不需联盟发展,完全取决于其技术发展本身的自然属性。如果脱离技术发展的自然规律,为联盟而联盟,这完全是一种形式主义的表现,是违背技术发展科学规律的异化。

对于民机技术发展,也必须遵从于这一规律。正如开篇所讲:民机制造业是所有装备制造工业中技术含量最高的、知识密集型的高科技产业,该产业除了依靠航空本身的气动、强度、结构、系统、发动机、航空电子设备等各个专业的发展之外,还表现为对"回顾效应""前向效应"以及"旁侧效应"三种关联形式的推动效应。为此,发展民机技术,什么时间、什么状态下发展什么技术,是独立自主发展还是联盟发展,怎样的联盟发展,应完全取决于技术发展本身的需求,而非其他。

6) 技术渐进式发展与跨越式发展的关系

技术的进步与发展都有其发展的客观规律性。一般而言,技术从无到有,再到成熟都要经历基础研究、应用基础研究、应用研究以及先期技术发展这几个步骤,是一个循序渐进式的发展模式,只有通过这几个步骤,当技术水平成熟到一定程度时才可投入到装备的研制阶段(对民机而言一般要求技术水平成熟度达到六～七级便可投入型号研制)。此技术发展的规律性是国外针对高技术装备几十年,甚至上百年的发展得出的经验,而且有的国家还从法律的层面保证了每个技术发展环节都不会偏废,这从某种意义上讲保证了装备,特别是高技术装备的技术先进性和质量的可靠性。

但是,对于我国一个刚成立不久、技术上还相对落后的民机研发企业,如果技术还采取上述的渐进式发展模式,通过加大经费投入和人力投入只能使技术差距逐渐缩小之外,那种亦步亦趋的技术发展模式以及技术落后的状况还将在很长的时间内不会得到改变。

要想改变这种局面,希望能快速赶上甚至超过国外拥有先进技术的企业,并在不久的将来成为一流企业,只有采取跨越式的技术发展模式。但这不是简单地针对某一特定的技术省去几个研究环节去跨越(前面已阐述省去研究环节完全不符合科学规律),而必须是技术思路的跨越,一是采取非对称的思维模式发展技术。例如,为研制某种产品,可采取技术的非对称性进行发展,即绕开传统技术的组装,采取一个新的或不同的原理以实现产品同样功能和性能的目的;二是采取超前思维模式发展技术,针对未来的产品,可增加预见性,早作布局,"笨鸟先飞",提前进行技术的发展,以至未来产品在同国际先进产品处于同一代技术水平,甚至超过国际先进水平。

7) 技术推动与需求牵引的关系

对于技术发展,常引用一句话叫"技术推动、需求牵引",这从某种意义反映了技术储备与牵引技术的双向发展关系。

从技术储备到技术推动,这是一切高技术装备长期持续发展不可或缺的重要动因,甚至是直接影响装备革命性创新、装备应用模式革命性转变的重要因素。这一方面可体现出高技术装备的原创性,更重要的是能引导高技术产业的重大变革和转型,培育和推动新的市场。需求牵引,首先是市场牵引,其次是产品牵引,这对于蓬勃发展的市场还可起着一定的驱动作用,这对于民机产业而言尤为如此。前者以产品变革、培育新市场为目的,需要投入的资金大,风险也大,一旦成功会迎来新模式下的巨大市场;后者仅为丰富现有市场为目的,投入的资金成本、风险都小,但市场终究会很快萎缩与消亡。

对于民机这一高技术产品,必然要平衡好技术推动与需求牵引,一方面为满足现有民机市场的需求,对产品牵引的技术加以攻关,以满足民机产品的需求;另一方面应积极开拓创新,创造新技术以推动未来新概念民机产品的创新,甚至航空新的运营模式的变革。

8) 隐性技术与显性技术的关系

"隐性技术"或称之为"无形技术",是人类隐含在头脑之中,并在行动过程中表现出的直觉、判断和独家技能,一般而言,以经过专业学习、培训和从事专业技术工作若干年,并经多年技术与经验积累和沉淀的技术人员而体现,有人称之为"人的性灵"。有道是"性灵出万象,风骨超常伦。"

"显性技术"或称之为"有形技术",是可以用有形物化载体体现和表达,并能传递给其他人的技术,可归纳为专业技术的标准、规范、手册、报告、专用软件、专用实验和测试设备等。

作为企业,为了保持可持续发展,希望尽量将老同志的知识经验显性化,尽量通过显性技术以知识管理及工程的形式存储再传递给后人,并藉此再次创新。愿望虽好,但有一个客观事实是,有些靠多年积淀下来的、表现出直觉的判断和独家技能的隐性技术是无法显性表达的,有句话叫作"只可意会,不可言传"就说的此道理。

因此,发展民机,一方面应快速通过显性技术的学习、传递得以掌握其技术,另一方面对于掌握大量隐性技术的老同志应加以尊重,特别是年轻的同志应该虚心向老同志学习并加以"悟道",尽可能多地挖掘他们头脑中的隐性技术以尽量显性化存储,并学到其精髓,以保证老同志的隐性技术可代代相传。

9) 科研人员发扬集体主义精神与张扬个性的关系

在中国文化中,集体主义文化是一个重要特性,而且也体现在了我们社会主义发展的属性之中,促进了我国社会的发展,但不足之处是缺乏个性化和多样化的思维,而科学和技术领域的多样化和多元思维却是创新的一个本质特征。这两者关系如果处理不好,技术创新就无从谈起。

目前我国正处在社会主义发展的新阶段,作为央企,企业的组织发展和政治生活,应遵循少数服从多数和民主集中制原则,而作为企业的员工即科研人员就必须发扬集体主义精神,这是企业发展的根本,否则企业就会变成一盘散沙。

但是,科研人员还要有积极的技术创新思维,从个人角度讲还得要有一定的张扬个性的习惯,一旦形成习惯,思想才会活跃,思路才不会枯竭,技术创新才会源源不断;从企业角度讲,在文化层面要有百花齐放、百家争鸣、海纳百川的大气,对于科技发展更要有宽容失败、允许犯错的胸襟。特别是在技术创新的初期,多数人往往对于新出现的技术认知还不完全统一,甚至可能只有少数人认识到新技术的本质,此时千万不要将新技术还没开始发展就即刻扼死在摇篮之中。技术发展的正确与否应经充分的论证和实验来验证,因为我们要相信:"实践是检验真理的唯一标准。"

10) 技术发展的国家经费申请与企业自主经费投入的关系

2006 年 1 月 9 日时任国家主席胡锦涛在全国科技大会上讲过:"建设以企业为主体、市场为导向、产学研相结合的技术创新体系,使企业真正成为研究开发投入的主体、技术创新活动的主体和创新成果应用的主体,全面提升企业的自主创新能力。"这句话已明确地提出了企业是研究开发投入的主体。但是,目前国内还有些企业,特别是部分国企和事业单位,还停留在靠吃皇粮的思维模式上,仍然希望依靠国家的投入从事技术发展。

通过对拥有先进技术的发达国家的科技发展模式了解到,对于影响国家战略的高技术领域,国家通常都会成立专门的研究机构,专门开展基础技术及基础应用技术的研究,这些技术偏重于基础,不针对特定背景,而且具有公共性质,这从科研经费占 GDP 的高比值就可见一斑,这一方面可提高国家的科技素养,另一方面可引导这些技术应用于国家战略性产品,又可将这些技术通过"前向效应"以及"旁侧效应"等向其他方面转移。

对于与企业定位有着密切关系、影响企业背景产品的技术研发,企业应该义不容辞地加大经费的投入才能使技术水平的成熟度得以提高并应用于产品研制,也能让高技术的产品很快投入市场,企业也将成为技术创新成果的最终获益者。

"创新性国家是由创新性企业组成。"因此,企业为了能持续健康地发展,必须投入一定比例的资金开展技术创新以形成创新型企业,围绕产业链部署创新链,围绕产业链部署资金链,打通从科技强到产业强、经济强、国家强的通道,与以国家目标和战略需求为导向、瞄准国际科技前沿的科技队伍一道共同提升国家创新体系的整体效能。

8.3 再谈吃透民机技术[3]

技术,《现代汉语词典》中定义为:是人类利用自然和改造自然过程中积累起来并在生产劳动中体现出来的经验和知识,也泛指其他操作方面的技巧。民机,作为战略性的航空产业,具有如下两种特质:① 产业集中并利润垄断;② 技术高且可溢出效益。"吃透民机技术",这是中国商飞公司高层领导于 2017 年 3 月 13 日在 2017 年中国商飞公司科技委工作会上,根据公司成立 9 年以来有关 ARJ21 - 700 和 C919 民机型号的研制过程中出现的各种技术状况,审时度势地对公司科技人员再次发出的号召,这对指导持续发展先进民机产品、建立一流的民机现代化企业有着非常重要的意义。

怎样吃透技术? 不同的人有不同的想法,各人有各人的思路和途径,就如"一千个人眼里有一千个哈姆雷特",本人从事三十几年航空技术研究和管理,点点科技攻关细节始终在我头脑中萦绕,高层领导的"吃透民机技术"之呼吁犹如大鼓之声深深地敲击着我的心灵,于是我提笔小撰,用亲身的感受和体会归结为从内因和外因两个层面阐述怎样吃透技术的问题,那就是起主观能动的、根本作用的内因是真正决定着技术是否吃透的核心,而外因是保证技术是否吃透的不可或缺的重要条件。

　　第一层面谈内因,这是吃透民机技术的根本的内在动力。对于属于高技术产业的民机而言,最为重要的是应做好民机技术的发展规划,包括清晰地梳理出民机技术体系,根据中国商飞公司未来民机的发展目标以及主制造商的定位以确定技术专业定位,根据民机产品需求找出对应的技术差距,摸清自身的技术家底,同时瞄准未来民机的技术发展方向,按科学规律补齐技术短板,开发新的技术领域,突破技术壁垒,提高技术成熟度。技术成熟度6级就像一座巴颜喀拉山,它是是否开展民机型号研制的分水岭。当技术成熟度达到6级之后应用到民机研发,研发进度才不会拉长,从立项到取TC证5年左右的民机审定周期才能得到保证,民机审定基础在市场上才能确保一定的技术先进性。这虽还只是一般的民机研制技术要求,但也会容易受到外部因素的干扰而大打折扣,比如时间所迫等各种原因或将导致技术成熟度不够就匆匆上马开展型号研制等。

　　从主观能动性讲有三点认识可分享:第一点,碰到技术问题必须多问几个为什么,将这些为什么的原因弄清楚,也就是说将产生技术问题的机理和客观规律找准。比如机舱内烦人的噪声,这是影响舱内舒适性的重要因素之一,为提高民机乘客的舒适性,就必须想办法降低噪声,首先要弄清楚噪声声源是什么,是发动机基本叶片通过频率及后续谐波频率表征的噪声为主,还是发动机非平衡力引起的结构振动传播噪声为主?是气动湍流与结构耦合的边界层噪声为主,还是环控供氧系统等内部噪声为主?舱内不同部位的噪声确定不仅要定性,还要定量,包括能量大小、频率几何等这些相互的关系都要找准。

　　第二点,把自己的潜力发挥到极致,进而将每件技术问题解决到极致。这是北京大学前校长王恩哥刚上任时向学生提出10句话的第10句"两个极致"引用的一句拓展。前不久审定的某型号降低舱内噪声项目的院级成果奖申报材料中这样写道,座舱内饰采用了隔音材料后,通过舱内噪声测量满足了设计要求便可。从型号研制角度讲这也许符合要求,但从吃透技术的角度讲就完全不可,这完全没将技术问题解决到极致。内饰隔音仅是方案之一,是否为最佳方案?主要隔了什么噪声?对不同的噪声源是否还可用不同的隔、吸方案组合?隔声材料的多少对隔声的效果变化曲线怎样?除这些被动降噪办法之外,若主动降噪会怎样?实验结果对理论方法的验证结论如何?设计方法和理论分析方法是否可通用?成本怎么样?这些技术问题都需细细"打磨"得以解决,就如目前宣传的"工匠"精神一样,只有不断优化,不断改进,才能不断设计出精品。

第三点,应克服做事"差不多"的习惯。这是本人学习"华为工作法"借鉴的经验之一。作为人的本性来讲,惰性始终存在于人的血液之中,凡事多少都会存在"差不多"的陋习。为了克服此陋习,作为民机研发人员,就必须时刻养成一个自我反省的好习惯,凡事都得多思考,每天都要留点时间想想,当天的工作目标是什么,方法如何,结果怎样,怎样做得更好。在解决技术问题时同样可用此方法"虐己",每件事都要时刻注重细节,把握细节就是提升品质的关键,只有细节完美了,技术才会做到完美,技术问题才会解决到极致。

第二层面谈外因,这是吃透民机技术的外部促进条件。外因做好了,可以更好地驱动内在动力,这就需要思索怎样更有效地发挥管理与保障机制。我们需认清目前有一个客观情况是:由于民机型号任务繁重,造成相当部分技术人员只能在业余时间加班从事技术创新活动,除工作时间有限之外,还会造成思路的无法连续,人员长期加班还会出现疲劳厌烦情绪;另外还有一个事实也要认清,技术的发展和专业能力的提升不可能一蹴而就,需要相当长的一段时间积累才能见效。为此,作为管理者首先应从上到下进一步营造激励技术创新、吃透技术的氛围。当然这不能仅停留在口号上,在制度保障上也需要有相应的实际体现,如设立吃透技术奖、技术攻关奖等,形成人人爱破技术短板和瓶颈、人人爱攻克技术难关、人人爱攀世界技术高峰这一股吃透技术、嚼碎技术、消化技术和应用技术的民机技术研究之风气,让民机人感受到技术春风拂面的惬意,才会从骨子里散发出攀登技术高峰、攻克技术瓶颈之阳气。

第二,在管理机制上应遵循民机高技术发展的客观规律。基础技术、应用基础技术、应用技术、先期技术发展以及先期系统发展的所有技术创新、预先研究的领域各不相同,技术创新的成果和应用的对象也不尽相同,相应的科技管理也必然不同。从基础技术研究到先期系统发展是一步接一步地按顺序前行,最后才应用到民机研制工程中,这是科技发达国家多年科技管理实践得出的科学规律,可用一句话概括为:科技发展是不能走捷径的!因此,民机管理者不能简单地以节点任务的完成作为考核的结果,更不能简单地将技术成果是否已经用到了民机型号而作为后评价的依据,必须以遵循科技发展规律来从事民机技术管理,那就是基础技术研究成果为应用技术研究服务、应用技术研究成果为先期技术研究服务、先期系统发展成果应用于民机型号研发。

最后，本人用一句小诗作为对怎样吃透民机技术的小结：坐的板凳十年冷，方可探得技术真，悟道精髓何隐显，成熟更助展鲲鹏！

参考文献

［1］　徐敏. 民机预先研究的思考和认识［J］，民用飞机设计与研究，2011(2)：70.

［2］　徐敏. 再论民机技术发展十大关系［N］. 中国商用飞机有限责任公司设计研发中心. 新闻动态. 2018 - 1 - 19.

［3］　徐敏. 再谈吃透民机技术，中国商用飞机有限责任公司设计研发中心［N］. 新闻动态［文萃］2017 - 6 - 2.

索　引